적극적으로 활용하는

비의 건축도

雨 建築道

일본건축학회 편 신용우 김현아 역

기문당

추 천 사

《비의 건축도》 한국어판의 출판에 대해

《비의 건축도》의 한국어판이 완성된 것을 대단히 축하드립니다.

일본의 빗물활용은 아직 충분하다고는 말할 수 없지만, 최근 조금씩 관심이 높아지고 있습니다. 또한 빗물활용을 위한 탱크나 필터 등의 장치 등에 대해서도 각 제조회사에서 활발히 개발하고 있습니다. 이러한 상황을 바탕으로 일본건축학회에서는 빗물활용의 확대를 목표로 하여 2011년 7월에 '빗물활용건축 가이드라인'을 작성했습니다. 이 《비의 건축도》는 《빗물활용건축 가이드라인》의 내용을 누구나 이해하기 쉽게 비주얼하게 편집 작성한 것으로, 2000년에 《비의 건축학》, 2005년에 《비의 건축술》을 시작으로, 그 시리즈의 3번째 책이 되었습니다. 《비의 건축학》, 《비의 건축술》, 《비의 건축도》, 이 세 권이 시리즈로 완성되어 대단히 기쁘게 생각합니다.

한국의 빗물활용은 예전부터 서울대학교 한무영 교수님과 심포지엄, 세미나 등의 활발한 교류를 하며 지금까지 여러 가지 정보교류와 의견교환을 해왔습니다. 따라서 이번 《비의 건축도》의 출판은, 지금까지의 한일양국 교류의 덕택이라고 할수 있습니다. 이 《비의 건축도》의 출판이 앞으로의 한일교류를 더욱 활성화시킬 수 있는 촉매제가 되기를 기대하고 있습니다.

한국은 빗물활용에 대해 국가 수준의 법률과 빗물관련 조례가 만들어져 있지만, 일본은 빗물활용에 대해 아직 법적으로서 위치가 부여되는 단계에는 이르지 않았습니다. 일본에 한국의 한발 앞선 동향을 소개하고, 한일양국이 빗물활용을 서로 격려하며 끊임없이 연마해나감으로써, 아시아 빗물활용의 발전에 기여하기를 기원합니다.

작년에 일본은 3.11동일본대지진이 발생하여, 해일과 후쿠시마 원자력발전소 사고로 큰 재해를 야기했습니다. 이웃나라인 한국의 여러분에게도 큰 불안감을 주었는데도 불구하고 한국으로부터 엄청난 지원을 받았습니다. 일본인들은 모두 이웃나라 한국의 따뜻한 도움에 마음속 깊이 감사드리고 있습니다.

대지진 재해로부터 1년이 지난 지금 피해지역에서는 방사능오염에 의한 빗물 수질에 대한 신뢰는 아직 회복되고 있지 않습니다. 그러나 재해 시의 빗물의 필요성이 재평가되어 빗물탱크의 수요가 크게 늘어났습니다. 그후 정확한 조사결과에 의해 도쿄에서는 큰 오염 불안은 없어졌으며, 빗물활용의 신뢰회복과 새로운 추진 활동에 주력하여 활동하고 있습니다.

마지막으로, 이 번역을 담당한 신용우, 김현아 씨께 깊은 감사의 뜻을 전하고 싶습니다. 두 분은 일본건축학회의 빗물건축보급기획 간행 소위원회에서 처음부터 마지막까지 《비의 건축도》의 출판에 참여하였습니다. 따라서 누구보다도 이 책의 내용을 잘 알고 있으며, 그 내용을 독자분들에게 알기쉽게 잘 전달할 수 있으리라고 생각합니다. 한일양국의 빗물교류에 있어서, 두 분이 일본건축학회에서 활동하고 있는 것은 큰 의미가 있다고 생각합니다.

한일양국의 출판사 여러분들과, 이 책이 나오기까지 많은 노력을 하신 여러분들께 깊은 감사의 말씀을 드립니다.

2012년 3월 11일

일본건축학회 빗물건축보급기획 간행 소위원회 주사

카미야(神谷) 히로시(博)

첫머리에

21세기 지구환경시대에 들어선 지 10여 년이 지나 세계 각국에서 지구온난화 대책을 세우고 있습니다. 하지만 지구온난화에 따른 좋지 않은 현상이 벌써 다양하게 나타나고 있습니다. 예를 들어, 비가 너무 적게 온다든지 또는 반대로 너무 많이 와서 가뭄 또는 홍수가 발생하는 빈도가 늘어났습니다. 갈수에 따른 담수자원의 쟁탈전이 세계적으로 시작되었으며, 어느 나라도 앞으로는 이런 세계적인 추세를 피해갈 수 없을 것으로 보입니다. 한편, 게릴라 집중호우 문제가 너무나 비약적으로 커져서 기존의 하천과 하수도에 의존하는 것만으로는 한계가 있습니다. 앞으로 물 문제는 인류의 생존과 관련된 가장 중대한 과제입니다.

물 문제의 근본적인 해결방법은, 우리가 어떻게 빗물을 활용해 가느냐에 달려 있습니다. 빗물과 잘 어울리고 잘 활용할 수 있다면 안전하고 쾌적한 거주환경을 창출할 수 있습니다. 히스테릭한 거동을 보이는 빗물을 달래고 온화하게 만드는 것은 쉽지 않지만, 절대로 불가능하지 않습니다. 우리는 '빗물활용' 이라는 키워드를 적극적으로 활용해나감으로써 바람직한 지구환경을 회복할 수 있습니다.

이 책은 일본건축학회에서 출판한《비의 건축학》(2000년),《비의 건축술》(2005년)에 이어지는 빗물 시리즈의 3권째 책입니다.《비의 건축학》에서는 건축의 빗물 대응을, 빗물활용이라고 하는 인간 위주의 사고방식으로부터 빗물을 '빌린다' '돌려준다' '만든다' 라고 하는 자연순환 사상으로 전환하고, '비의 건축' 의 기본이 되는 개념을 명확히 하였습니다.《비의 건축술》에서는《비의 건축학》에서 제시한 개념과 이론을 실천하고 있는 사례를 소개하고, 빗물을 즐기고 생활에 활용하는 방법을 제시했습니다.

이 책의《비의 건축도》라고 하는 이름의 의미는,《비의 건축학》의 철학,《비의 건축술》의 기술을 바탕으로, '비의 건축' 을 더욱 발전시켜 최대한으로 잘 사용하기 위한 구체적인 '도(道)-길(roadmap)'을 제시한다는 뜻입니다. '길'은 지금까지의 발걸음을 좀더 추진하는 길이며, 이정표로써의 '길'임과 동시에 자신이 나아갈 수 있는 경로를 선택하는 '길'이기도 하며, 또 최대한 활용을 하여 궁극에 도달할 수 있는 수단으로써의 '길'이기도 합니다.

이 책에서는 '비의 건축'을 구체적으로 실천한 것을 '빗물건축'이라고 정의합니다. 그리고 그 다양한 실천을 '빗물활용'이라고 합니다. 빗물이용이 아닌 '빗물활용'이라고 정의한 이유는 인간 본위의 이용이 아니라, 자연환경에 환원한다는 좀더 깊은 뜻을 포함하고 있기 때문입니다.

또한 영어로 Rainwater Utilization과 Rainwater Harvesting의 의미를 구분하고 있습니다. Harvesting은 '수확(收獲)'의 의미로써 신(神)과 하늘이 물순환 안에서 빗물을 주시는 것으로 여기는 것으로, 일본에서는 하늘의 축복이라고 하는 의미로 '천수(天水)이용'의 의미가 포함됩니다. 그 경우는 다소 종교적인 의미가 포함되어, 일본에서는 '천수'(あまみず)라고도 하며 단순한 '빗물'(あまみず)과는 차이가 있습니다. 따라서 '수확(收獲)'에 가까운 의미를 가지는 '활용'을 사용하기로 했습니다.

또한 일본어로 '빗물(雨水)'을 'Usui' 역자주 : 일본어로는 빗물을 Usui 또는 Amamizu의 두 가지로 발음할 수 있습니다로 하지 않는 이유는, 중국어의 발음으로 Usui는 '오수(汚水)'의 의미가 되어버리기 때문에, 이 책에서는 의식적으로 'Amamizu'로 구분하고 있습니다 역자주 : 현재까지 일본학계에서는 용어통일이 아직 되어 있지 않아 둘다 사용하고 있으나, 일본건축학회에서는 적극적으로 Amamizu로 정의하여 널리 보급하려고 합니다.

'빗물건축' 및 '빗물활용'의 용어는, 이 책과 병행되어 작성된 일본건축학회 《빗물활용건축 가이드라인》(2011년 발행)에 근거하고 있습니다. 《빗물활용건축 가이드라인》은 주로 전문가에 적합한 책이지만, 이 책《비의 건축도》는 그 내용을 매우 이해하기 쉽게 설명하고 있으며, 실제로 빗물건축을 지으려는 건축주를 비롯해 빗물을 더욱 활용하고 싶은 사람, 건축을 배우는 학생, 일반인 등을 대상으로 폭넓게 잡았습니다.

이 책은 4장으로 구성되어 있습니다. 제1장 '비의 건축도란?' 에서는, '비의 건축학' 의 개념에 입각하여 다시 한 번 요점을 수록 및 보완하고, 지구온난화 시대에서의 빗물활용 방법을 제시하고 있습니다. 제2장 '우리집에서 우리마을에서 무엇을 할 수 있나요?' 에서는 이 책에서 제시하는 빗물건축과 빗물활용의 전체 이미지를 나타내고 있습니다. 어떤 용도에 어떻게 이용하면 좋을지, 수량과 수질을 어떻게 유지할지 등을 나타내고 있습니다.

제3장 '자, 이제 실천해보자! 빗물건축' 에서는, 먼저 빗물활용의 용도에 따른 구체적인 방법을 제시하고 지붕, 탱크, 필터 등의 상세사항을 나타내고 있습니다.

제4장 '빗물로 마을조성' 에서는, 공원과 농지, 산 등에의 빗물활용 방법을 나타내고 있습니다. 또 실천을 위한 제도정비나 환경학습, 시민과 자치단체 활동 등에 대해서도 언급하고 있습니다.

일본건축학회에서 《빗물활용건축 가이드라인》을 만든 이유는 앞으로 모든 건축이 빗물활용의 역할을 하는 것을 기대하기 때문입니다. 수돗물에만 의존하지 않고 새롭고 가까운 담수자원을 확보하는 것은 재해 시의 대비면에서뿐만 아니라 CO_2 배출량의 감축면에서도 매우 중요합니다. 또 게릴라 집중호우에 대해 빗물건축이 분산형 미니댐으로 통합되어 온사이트(on-site) 유출대책이 된다면 홍수방지에도 큰 효과를 기대할 수 있습니다.

'빗물' 을 중수나 재생수가 아니라 상수로부터도 독립된 새로운 자연수계로써의 위치를 부여한 것은 빗물건축에 의한 '빗물 자립' 의 의미를 가집니다. 지구 온난화 시대에 물환경 과제에 대응하기 위해서는 건축물을 만드는 방법 그 자체의 근본적인 혁신이 요구되고 있는 것입니다. 빗물건축이 일반화되는 날을 위해 이 책이 10년, 20년이라도 먼저 그 길을 제시해 나아가는 데 도움이 되기를 마음속 깊이 기원하고 있습니다.

일본건축학회

역자 머리말

지구온난화 현상으로 이상기후와 국지적인 게릴라 집중호우가 점점 심해지고 있는 지금, '전 세계적으로 유용한 천연자원의 하나인 빗물을 어떻게 활용해 가는가' 라는 것은 매우 중요한 키워드라고 생각합니다.

특히 우리나라는 연간 강수량은 적지 않지만 여름에는 국지적 집중호우와 그로 인한 침수피해, 겨울에는 가뭄으로 인한 극단적인 양상을 보여, OECD국가 중 물 관리가 가장 어려운 국가로 선정되었습니다. 자원이 거의 없는 우리나라에서는 국가적 차원에서 앞으로 천연자원인 빗물의 관리와 활용을 어떻게 해나가는가가 홍수나 가뭄에 의한 막대한 손실을 줄임과 동시에 귀중한 천연자원의 활용으로도 연결이 되는 중요한 항목이라고 생각합니다.

이 책은 일반인을 대상으로 빗물활용을 어떻게 할 수 있는지에 대해 알기 쉽게 썼으며 빗물활용을 위해 빗물을 모으는 방법, 빗물을 정우(整雨) 레벨에 따라 구분하여 필요 용도에 어떻게 활용할지에 대해 쓴 책입니다. 아직 빗물활용이 일반화되어 있지 않지만, 빗물활용은 가까운 미래에 우리들이 해야 할 과제의 하나라고 생각합니다. 아마 여러분들은 비가 오면 우울해진다든지, 우산을 갖고 다니는 것이 귀찮을지도 모릅니다. 하지만 빗물활용이 생활화된다면 비가 오는 날이 오히려 기다려질 수도 있으며, 또한 빗물로 끓인 차나 커피를 마시면서 빗소리와 비가 오는 환경을 즐길 수도 있을 것입니다.

예로부터 우리 선조들은 빗물과 가깝게 지냈으며, 빗물을 농사와 정원에 효과적으로 활용하여 그 멋과 맛, 풍류를 즐겼습니다. 원래 빗물과 사람과의 관계는 매우 밀접한 관계였으므로, 현대인들은 그 아름다운 전통을 되살려야 하겠습니다.

앞으로 빗물활용이란 건축과 도시경관 구성의 중요한 모티브가 될 것이며, 빗물활용 건축은 가뭄 시의 물 공급과 홍수방지, 재해 시의 방재대책으로도 큰 역할을 할 수 있을 것이라고 생각합니다.

또한 빗물활용에 의해 개인과 개인, 지역와 지역 간의 밀접한 대화의 장을 만들 수 있으며, 나아가 국가와 국가 간의 연결고리와 국제협력이 창출될 수 있으리라 생각합니다.

이 책이 출판되기까지 관(官) · 산(産) · 학(學)의 여러 분야의 전문가들이 모여 목차, 내용구성, 문장 표현, 일러스트 등에 대해 수십 차례의 논의를 했습니다. 용어정의에 대해서는 관련 학회 간의 견해 차이를 조율하였고, 중간원고에 대해서는 대학교수 및 관계자 분들이 주신 의견을 반영하여 완성도를 높이기 위해 심혈을 기울였습니다.

역자들은 일본건축학회 빗물건축보급기획 간행 소위원회의 일원으로써 이 책의 발행에 처음부터 끝까지 참여했으므로, 이 책이 의도하는 내용을 누구보다도 잘 전달할 수 있으리라고 생각합니다.

마지막으로, 이 책을 한국어로 번역할 때 독자들이 이해하기 쉬운 단어로 표현하려고 최대한 노력하였습니다만, 여러 가지로 부족한 부분이 있으리라고 생각합니다. 이해하기 어려운 부분이 있거나 부족한 부분에 대해서는 지적해 주시면 대단히 감사하겠습니다. 이 책이 출판되기까지 여러 가지로 협력해주신 일본건축학회 빗물건축보급기획 간행 소위원회의 저자 분들과 여러 관계자 분들, 또한 기문당 출판사분들께 깊은 감사의 말씀을 올립니다.

2012년 3월

역자

Contents

제1장 '비의 건축도란?'

이 장에서는 먼저 이 책에서 제안하는 '빗물건축' 이란 무엇인지를 설명하고 있습니다. 그리고 그 필요성과 중요성을 최근의 강우 경향과 빗물 수질을 바탕으로 해설하고, 그 실천에 대해 필요한 마음가짐을 말하고 있습니다.

1.1 '빗물을 빌린다 · 되돌린다 · 만든다'

• 빗물건축을 만들자

'빗물건축' 이란, 건축과 그 부지에 '빗물순환계를 보전해 육성한다', 마치 식물이 빗물을 흡수 · 유지해 증발산하고 있는 것 같은 '생태적인 활동을 하게 한다', 빗물을 적극적으로 '활용하여 즐긴다' 라고 하는 세 가지의 시점을 가지는 건축입니다.

건축물과 그 부지도 포함시켜, '건전한 빗물순환계' 를 만들어 나가는 것을 목표로 합니다.

여기에 빗물과 어울리는 방법, 생활의 지혜와 빗물활용에 관한 아이디어가 필요합니다.

• 빗물을 '빌린다' + '되돌린다' = 만든다

빗물과 어울리는 방법으로 일반적으로 사용되어 온 말은 빗물활용입니다. 그러나 빗물을 이용한다 (빗물을 '빌린다') 는 것은 빗물순환계에서 단지 일부에 지나지 않습니다. 빗물건축에서는 빗물을 '빌린다' 뿐만 아니라, 빗물의 침투나 증발산 등 빗물을 '되돌린다' 도 중요합니다.

'빗물활용' 도 중요하지만, 자칫하면 인간 본위로 이익만을 추구해버리는 경우가 발생합니다.

이제부터는 이용과 함께 환경에 되돌리는 '빗물활용' 으로의 전환, 이른바 에고(ego, 인간의 이익을 위한 이용)로부터 에코(eco, 자연 물순환계로의 활용)로의 발상전환이 필요합니다. 또 빗물을 '되돌린다' 는 것이 전제가 되면, '빌린다' 라고 하는 의식이 강해

지기 때문에 그 빌리는 방법도 바뀌게 될 것입니다.

빗물을 '빌린다' '되돌린다' 라고 하는 의식이, 빗물순환계를 '만든다' 는 것입니다.

• 물환경을 훼손하지 않는 빗물건축

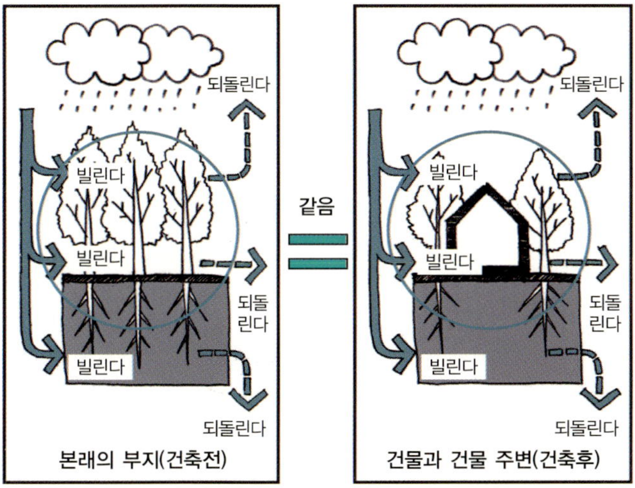

'빗물건축' 은 건축을 하기 전후에 그 물환경 순환을 훼손하지 않아야 한다는 전제조건이 있습니다. 즉, 그 부지에 대하여 유출량을 바꾸지 않고, 침투량을 바꾸지 않고, 증발산량을 바꾸지 않는다는 것입니다. 이 세 가지를 건축 전후에 동일하게 하는 것이 목표입니다. 기존의 건축방법은 '빌린' 빗물을 대지와 하늘에 '되돌리는' 일 없이 대부분을 하수도를 통해 부지 밖으로 버리고 있었습니다. 즉, 빌린 채 되돌리지 않았던 것입니다.

최근 지하 침투는 조금씩 증가되고 있지만, 하늘에 되돌리는 것은 아직 그다지 인식되어 있지 않습니다. 증발산을 잘 활용하면 빗물을 냉방에 활용한다든지, 여름에 시원한 옥외환경을 만들 수도 있습니다. 이러한 빗물건축이 늘어나면 건축물이 숲의 기능을 가지게 되며 도시의 기후 개선(열섬화(heat island)현상 방지)도 가능합니다.

1.2 '빗물은 순환하고 있다'

빗물의 순환

• 비는 어디에서 오나요?

육지는 바다로 둘러싸여 있으므로, 비는 대부분 바다로부터 온다고 생각할지도 모르겠습니다. 태풍의 구름은 바다로부터 오고, 장마전선은 바다로부터 습기찬 공기가 공급되는 것으로 많은 비를 내리게 합니다. 몬순 아시아[82]의 인도양과 히말라야로부터의 기류도 옵니다. 그러나 육지에서 수분의 증발산으로 만들어지는 구름도 많은 비를 내리게 합니다. 높은 산은 마치 비를 제조하는 역할을 하여 많은 비를 내리게 하고 있는 것입니다.

• 먼 곳에 내리는 비와 가까운 곳에 내리는 비

산에 내린 비는 지하로 침투하여 지하수가 되고 샘물이 되어 골짜기나 강의 흐름이 됩니다. 이것을 댐에서 모아서 수도에 사용하고 있습니다. 한편, 도시에 내린 비는 신속하게 우수관 등으로 배출되어 지하에 침투하지 못하고 하수도를 통해 바로 바다로 버려집니다. 점점 도시화가 진행되어 유출되는 빗물의 양이 늘어나고 있습니다. 도쿄(東京)를 비롯한 대도시의 유출계수[87]는 0.8(80%가 유출) 정도나 되고 있습니다. 현재 국지적 도시형 홍수가 빈발하거나 대지가 건조화하는 등 빗물의 순환계가 훼손되어가고 있습니다. 따라서 멀리 있는 수자원에 의존할 것이 아니라 가까운 곳에 빗물활용이 있다는 것을 재인식할 필요가 있습니다.

• 빗물을 하늘에 되돌리는 나무와 대지

자연에는 원래 빗물순환 시스템이 있어서 나무와 대지가 빗물을 저장하거나 하늘에 되돌리고 있었습니다. 나무는 빗물을 일시 차단하여 줄기와 잎으로 빗물을 모으고 뿌리에 빗물을 저장합니다. 잎으로 증발시켜 주위의 수분을 유지합니다. 즉, 나무는 물덩어리라고 말할 정도로 90%가 물로 구성되어 있기 때문에 숲은 '녹색의 댐' 이라고 일컬어지는 것입니다.

비는 다시 대지에 스며들어 저장됩니다. 그러나 지표가 나대지이면 증발량이 많아지고 건조하기 쉬워지므로 표토까지도 흘러가 버립니다. 나무, 풀과 대지가 조화된 환경은 빗물을 모으거나 증발산을 하는 등의 생태적인 기능을 유지할 수 있는 것입니다.

• 빗물건축은 용수점(湧水点)의 역할

나무와 공터가 줄어든 마을에서는 빗물건축이 마치 나무와 같은 생태적인 역할을 하는 것이 필요합니다. 빗물을 유지하고 증발산하는 기능을 가지는 건축을 '빗물건축' 이라고 정의합니다. 이러한 건축은 배수원이 아니라 급수원이 되고, 도시의 샘물로써의 역할을 하게 됩니다. 미를 가집니다. 즉, 도시의 빗물순환은 건축물로부터 시작되는 것입니다.

1.3 '강우 특성이 달라지고 있다'

최근에는 '게릴라 집중호우[25]' '갈수' 등, 비의 강우특성을 극단적으로 나타내는 말을 자주 듣게 됩니다. 실제로 기후에 어떤 변화가 일어나고 있는 것일까요?

• 연간 강수량의 변동폭의 확대

세계적인 지구온난화 현상은 강우량에도 큰 영향을 주어 이상다우(異常多雨)와 이상소우(異常少雨)가 빈번하게 발생하고 있습니다. IPCC의 제4차 평가 보고서*1는 앞으로 이러한 이상현상의 빈도는 계속해서 증가할 가능성이 상당히 높다고 예측하고 있습니다.

*1 : 기후변동에 관한 정부간 패널(IPCC)의 제4차 평가보고서

아래 그림에 의하면 최근 30년 동안은 연간 강수량이 극단적으로 적은 해가 증가하는 동시에, 적은 해와 많은 해의 강우량의 차이가 점차로 커져 해마다 변동폭이 커지고 있는 것을 알 수 있습니다. 최근 100년간의 연간 강수량은 감소하고 있습니다. 이것은 갈수와 홍수가 일어나는 리스크가 동시에 커져서, 그 대응이 어려워지는 것을 의미합니다.

일본의 연간 강수량 변화

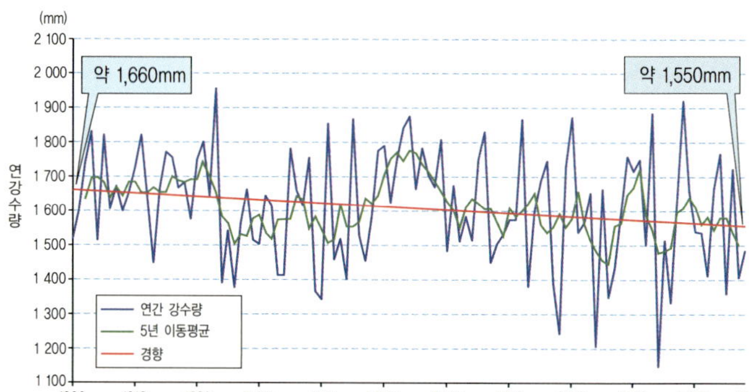

「일본의 수자원」 국토교통성 토지수자원국 수자원부 (2010년도판)
- 기상청 자료를 근거로 국토교통성 수자원부 작성
- 전국 51개 지점의 산술평균치
- 경향은 회귀곡선에 따름
- 매년 관측지점수는 관측되지 않는곳도 있어서 반드시 51개 지점은 아님

• 갈수 리스크의 고조

전국적으로 갈수(渴水) 리스크가 높아지고 있습니다. 특히, 서일본을 중심으로 갈수가 증가하고 있습니다. 예를 들어, 시코쿠(四國) 4현에 물을 공급하는 사매우라(早明浦)댐의 수량이 2005년 여름에는 기록적인 적은 비로 거의 0%로까지 감소하여, 84일간에 걸쳐 급수제한이 실시되었습니다.

• 홍수 리스크의 증대와 도시하천에서의 피해다발현상

전국의 AMeDAS관측 지점 역자주 : AMeDAS, Automated Meteorological Data Acquisition System이란, 일본 국내 약 1,300군데의 기상관측소에 구성되어 있는 기상청의 무인관측시설인 '지역 기상관측 시스템'의 약칭에서의 데이터를 기초로 10년 단위로 정리한 결과, 1시간에 50mm 또는 80mm 이상의 강우가 오는 횟수가 최근 분명히증가하고 있습니다. 2010년 7월에는 국지적인 집중호우[41]로 도쿄(東京)내에서는 침수피해, 야마구치 현(山口縣)에서는 하천범람 피해가 발생했습니다.

1년간 강수량 50mm이상의 발생횟수
(1976~2008. 12. 31, 1,000개 지점당)

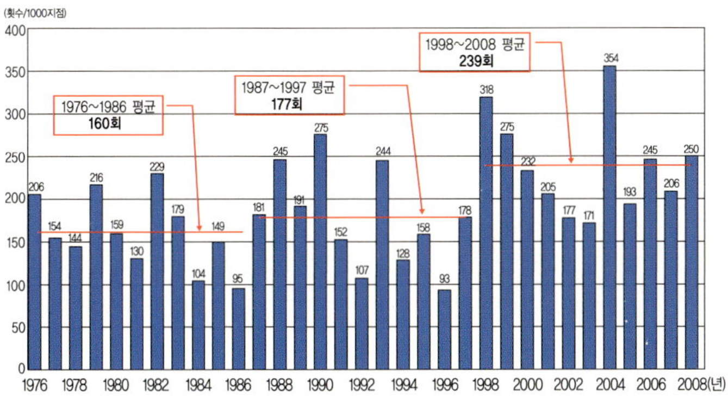

'일본의 수자원' 국토교통성 토지수자원국 수자원부(2009년도판)
• 1시간 강수량의 연간 발생횟수
• 전국 약1,300지점의 AMeDAS로 집계
• 1,000개 지점당의 횟수

이러한 갈수와 홍수 리스크의 증대는 우리 생활에 큰 영향을 줍니다. 지구온난화와 함께 해마다 강수량의 변동폭은 계속되어 증가된다고 예상되므로, 홍수와 함께 갈수의 리스크가 더욱 높아질 것이 예측되고 있습니다. 이렇게 과거의 경향을 분석하고 앞으로의 기온 · 강수량의 변화, 그리고 지구환경에 주는 다양한 영향을 예측하면서, 거기에 대한 가장 적절한 대책을 강구해 나가는 것이 필요합니다.

1.4 '빗물은 깨끗한가?' 더러운가?

수돗물을 만드는 과정

빗물을 모으는 과정

수도물은 썩어서 흐려진다. 그러나 빗물은 썩지 않는다. 이런 이야기를 하면, 대부분의 사람은 '설마 그럴리가' 라고 이상해합니다.

• 수돗물을 만드는 과정

그러면, 수돗물을 만드는 과정을 생각해 볼까요? 대도시의 수돗물은 주로 하천으로부터 취수하고 있습니다. 이러한 하천에는 다양한 배수가 혼합됩니다. 가정배수, 공장배수, 농업배수, 하수처리장으로부터의 배수 등입니다. 즉, 강물에는 셀 수 없을 정도의 다양한 오염물질이 들어가 있는 것입니다. 이 강물을 원수로 하여 정수장에서 수돗물을 만들고 있습니다. 정수장의 주요 처리는 침전, 여과, 소독의 세 가지 공정입니다. 이렇게 해서 수도법의 수질기준[51]에 적합한 물이 생산되지만, 완성된 수돗물에는 여러 종류의 미량 불순물이 포함되어 있습니다.

어느 학교의 물탱크에서 이런 일이 있었습니다. 여름방학으로 한 달 정도 수돗물을 사용하지 않았을 때, 물탱크의 물이 뿌옇게 흐려져 버렸습니다. 원래 수돗물은 소독용 염소가 들어 있어서 세균류가 서식하기 어려운 환경입니다. 하지만 염소가 증발해서 없어져 버리면 무방비 상태가 됩니다. 그렇게 되면, 수돗물 안의 불순물을 영양원으로 세균류가 증식하게 되는 것입니다.

• 빗물이 되기까지

한편, 빗물은 비가 되기까지의 과정을 생각하면 불순물이 적은 것을 알 수 있습니다. 왜냐하면, 바다, 강, 호수나 지표 등으로부터 물이 증발하여 대기중에 올라간 수분이 구름이 되고, 그 구름이 비를 내리게 합니다. 따라서 비는 원래 자연으로부터 생겨나는 천연의 증류수[46]입니다. 단, 빗물은 대기중과 지붕 위를 통과하는 사이에 대기가 공장매연과 자동차의 배기가스로 더러워져 있거나 지붕에 새똥과 배기가스의 분진이 있거나 하면, 빗물저장조에 모이는 빗물의 수질이 떨어집니다. 그렇더라도 수원으로써의 빗물의 수질은 수돗물의 수원이 되는 하천의 수질보다는 훨씬 좋은 것이 사실입니다.

지금까지 도시의 빗물은 법적으로는 하수처리수와 같은 '중수(中水)' (잡용수)로써 다루어져 왔습니다. 그러나 하수처리수의 원수는 분뇨처리수나 잡배수이고, 처리수에는 대변에서 유래하는 세균, 바이러스 및 원충류 등 다양한 미생물과 화학물질이 포함되어 있습니다. 따라서 고도처리를 하지 않는 한 그 용도는 화장실 등에 한정됩니다.

이에 비해 빗물은 원래 증류수이므로 대변에서 유래하는 미생물 오염이 거의 없고, 유해한 화학물질에 의한 오염 정도도 하수처리수에 비교하면 상당히 낮은 것이 사실입니다. 따라서 '빗물' 은 '중수(中水)' (잡용수)와 명확히 구분할 필요가 있습니다.

빗물저장조에 모은 빗물의 수질시험 결과

시험항목	빗물수질시험	수돗물 수질기준	판정결과
질산성질소 및 아질산성질소	0.7mg/L	$\alpha <$ 10mg/L	○
염화물 이온	2.7mg/L	200mg/L 이하	○
유기물(TOC)	0.7mg/L	3mg/L 이하	○
pH 값	7.6	5.8이상 8.6이하	○
악취	이상 없음	이상이 없을 것	○
맛	이상 없음	이상이 없을 것	○
색도	3도	5도 이하	○
탁도	0.5도	2도 이하	○
대장균	검출되지 않음	검출되지 않을 것	○
일반세균수	50개/mL	100개/mL 이하	○

※시험결과 : 음용적합 판정

'도시에서 가능한 비, 태양, 자연을 살리는 작은 집' (농문협) p.142
(2008년 6월 13일 도쿄도내, 단독주택)

1.5 지구환경과 빗물 – CO_2 감축

지구의 건전한 물순환 형성에 기여하는 것이 빗물건축의 중요한 역할입니다. 또 최근의 지구온난화대책의 하나로 CO_2 감축을 들 수 있습니다. 그러면 빗물을 활용함으로써 CO_2를 감축할 수 있을까요?

다음을 보시면, 실제로 빗물활용은 다양한 관점에서 CO_2 감축에 도움이 되는 것을 알 수 있습니다.

• 상하수도에서의 CO_2 감축

수돗물 대신에 빗물을 사용하면 수돗물이 절약됩니다. 게다가 댐으로부터 각 가정으로 나누어주는 송수(수원 → 집수 · 도수 → 정수장 → 송수 · 배수 → 가정)에 사용하는 전력을 줄일 수 있고, 이것은 CO_2 감축으로 연결됩니다.

예를 들어, 요코하마 시(横浜市)의 경우, 다음 그림에 나타낸 대로 물 1m³당 176.12g의 CO_2가 발생하고 있습니다 (2008년도의 CO_2 총배출량 66,441.81t - CO_2/년). 만약 수돗물 대신에 빗물을 사용하면 1m³당 176.12g 의 CO_2를 감축할 수 있는 계산이 됩니다.

최근 지구온난화와 환경오염으로 수질이 악화되어 새로운 수원의 확보도 어려운 상황입니다. 빗물을 새로운 수자원으로 인식해서 시민이 효과적으로 활용하면, 새로운 수자원 확보를 위하여 정수장 등을 만드는 분량의 에너지와 CO_2 감축을 기대할 수 있습니다.

또한 하수도에서는 배수설비 → 펌프장 → 하수처리장 → 방류의 공정으로 상당한 에너지를 사용하고 있습니다. 합류식 하수도[33]의 경우, 오수와 빗물 모두 하수처리장으로 흘러가 함께 처리를 하고 있습니다. 만일 빗물을 저장시설에 모으고 하수에 흘려보내지 않으면, 그 분량이 하수처리에 사용될 에너지와 CO_2 감축에 연결됩니다.

게다가 빗물의 증가분 때문에 하수처리장을 신설하거나, 하수처리 능력을 올리기 위해 사용될 에너지와 CO_2 감축을 기대할 수 있습니다.

※물1m³ 이란?

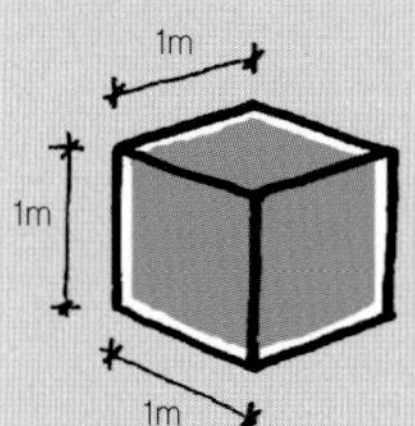

1m³ (입방m)
= 1t (톤)
= 1,000L (리터)

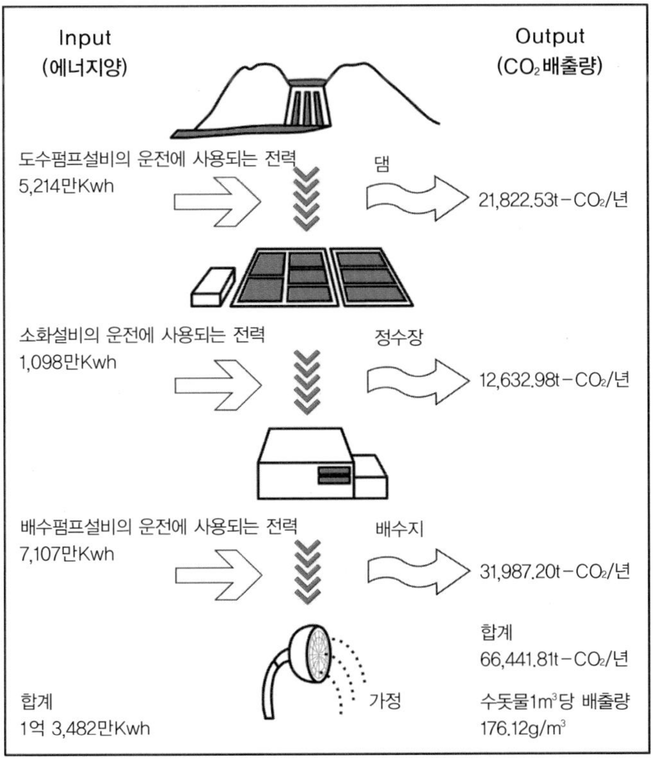

요코하마 시 수도국 2009년도 판 환경보고서 p.4 '수돗물을 공급하기까지의 환경부하' (2008년도 실적)

• 물뿌리기와 CO_2감축

토목연구소의 물뿌리기 효과 조사에 따르면, 지표온도가 2~3℃ 떨어지는 것이 확인되었습니다. 또 요코하마 시 에서는 건물 벽에 빗물을 흘려보내어 실내 온도가 내려가는 것이 확인되었습니다.

이렇게 빗물을 이용하고 광범위한 녹화를 추진하는 노력을 한다면 도시의 열섬화(heat island) 현상[74]을 완화시켜, 냉방에 사용되는 에너지와 그 분량의 CO_2를 감축할 수 있습니다.

*1 : (독립행정법인) 토목연구소 중점 프로젝트 연구보고서 (2003년) '도시공간 열섬화 현상 경감기술의 평가 수법에 관한연구 1, 도시환경을 배려한 포장구조에 관한 연구'

1.6 빗물은 블루 그린 컬러로 표시하자

빗물활용으로 우리는 수도에 이어 제2의 수원을 얻게 됩니다. 수돗물의 수질기준과는 다른 수질이지만, 생활 속에서 폭넓은 용도에 사용할 수 있는 물을 얻을 수 있습니다.

즉, 우리는 빗물이라고 하는 제2의 '수도꼭지'를 얻게 되는 셈입니다. 따라서 수돗물과의 차이를 명확히 하기 위해서 빗물의 수도꼭지에 '청록색/Blue Green(블루 그린)'의 색깔로 구분하는 것을 제안합니다.

• 「청색(Blue)」+「녹색(Green)」

실제로 물은 무색 투명하지만, 많은 사람들은 '물'에 대하여 '청색'의 이미지를 가지고 있는 것 같습니다. 또 건축 분야에서의 배관 식별을 위한 색도 청색으로 되어 있습니다. 빗물은 중수(中水)[61]와 재생수[34]보다 훨씬 수질이 좋으므로, 수돗물과 같이 청색 계통의 색을 사용하는 것이 좋다고 생각합니다.

이 책에서는 건전한 빗물순환을 육성하기 위해서 '빗물건축'에 빗물과 대지의 관계를 생각하여 녹지를 육성함으로써, 대지에 대해 물의 유지관리, 침투, 증발산의 기능을 향상시킴과 동시에 건축물과 그 부지에 대해서는 식물이 가지는 것 같은 생태적인 기능을 회복시키는 것을 제안하고 있습니다. 이렇게 빗물건축은 '녹색'과 관련이 깊습니다.

이러한 관점에서 빗물의 심벌 컬러(symbol color)로써 '청색' + '녹색'인 '청록색/blue green(블루 그린)'이 적절하다고 생각됩니다. 또 직관적으로도 생태계를 육성하고 지구환경에 기여하는 의미로 알맞은 색이 아닐까요?

• 「청록색」의 수도꼭지에 대해서

앞으로 빗물의 배관과 수도꼭지를 도입할 때에 '빗물' = '청록색'이라고 하는 인식이 널리 보급되는 것이 중요합니다. 그러나 '청록색'이라고 인식되는 색은 개인차도 있고 선택폭이 넓으므로, 앞으로의 보급을 위해서 색의 정의를 명확히 할 필요가 있습니다. 따라서 일본건축학회의 《빗물활용건축 가이드라인》에서는 널리 사용되고 있는 먼셀값[80]에 의한 색으로 정의했습니다*1.

또한 수돗물의 '청색'과 확실하게 구분할 수 있는 색으로써, 비의 심벌 컬러인 '청록색'이 사람들에게 널리 인식된다면 안심하고 빗물을 이용할 수 있으며 빗물활용의 가능성을 넓힐 수 있는 것입니다.

*1 : 색깔로 표시하는 경우 빗물은 먼셀값 1.5BG 6/10으로 한다.

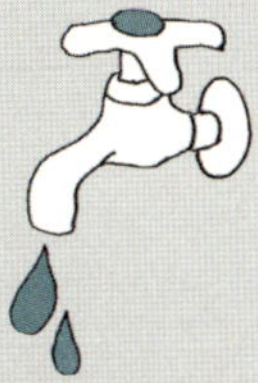

• 세계 각국에서의 "Blue Green"이란

최근 "Sustainable Urban Drainage" (지속가능한 도시배수)라고 하는 개념이 펴지고 있어, 특히 '비'와 관련되는 계획에 대하여 "Blue Green"이라고 하는 용어를 사용하는 경향이 있습니다. 예를 들어, 스웨덴 말뫼(Malmö)시는 가장 신속히 지속가능한 빗물의 본연의 자세에 주력하여, 지금까지의 성과를 "Blue Green Fingerprints"라는 제목의 서적으로 정리하였습니다*2.

*2 : P.Stahre(2008) Blue-green fingerprints in the city of Malmö, Sweden

영국 등에서는 "Blue Green Corridor"라고 하는 이름으로, 지형적으로 빗물을 배수하는 "복도(corridor)"가 되는 부분의 개량을 추진하려는 움직임이 있습니다. 이것은 지속가능한 도시배수(Sustainable Urban Drainage)의 개념을 바탕으로 한 빗물배수 본연의 자세로 비의 흐름을 눈으로 보이도록 하며 녹지를 포함시켜 생각하는 것으로, 보수성(保水性) · 침투성을 가지게 해 매력적인 공간을 창출하자는 것입니다.

즉, 빗물과 녹지를 포함하여 함께 생각하는 취지로 "Blue Green"으로 명명되었습니다. 아직은 "Blue Green"이라고 명명하는 경향은 적지만, 지금까지 각각 계획을 세워 왔던 하천이나 토목, 정원 만들기와 같은 분야의 협동(協動)을 촉진시키기 위한 키워드로써도 "Blue Green"을 내걸고 있으므로 앞으로 주목할 필요가 있습니다.

Image : Latz+Partner

1.7 '비의 건축도' 란?

• '길' 을 열다

이 책에는 다양한 생각이 담겨져 있습니다. 《비의 건축학》, 《비의 건축술》에 이은 세 권째의 도서가 바로 이 책인 《비의 건축도》입니다. '건축도' 라고 명명한 데에는 지금까지 걸어 온 길을 더욱 확장해 가는 '길 가기, 로드맵(roadmap)' 이라는 의미가 있습니다. 이를 통하여 계속적으로 새로운 길을 개척해 나가겠다는 의미입니다.

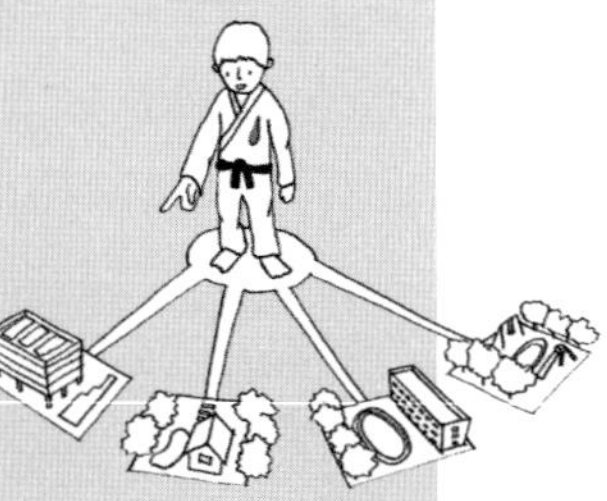

• '길' 을 선택한다

길은 다양한 방법 중에서 어느 방법을 선택할 것인가라는 '가는 길' 의 의미도 포함하고 있습니다. 자기 자신이 판단해서 주체적으로 추진하는 의식을 높이며 실천활동을 촉진시켜야 한다는 의미입니다. 지역, 계절, 입지 상황별로 다양한 방법이 있으므로, 어느 길을 걸을 것인가라고 하는 선택사항이 우리에게 있다는 것입니다.

• '길' 을 최대한 활용한다

그리고 가장 핵심이 되고 있는 것은, '구도(究道) : 궁극적으로 최대한 활용한다' 라는 것입니다. 빗물과 어울리는 방법은 매우 다양합니다. 예부터 빗물과 다양하게 어울려 왔기 때문에, 빗물에 대한 선조의 다양한 지혜가 축적되어 왔습니다. 하지만 최근에 이러한 빗물과 관계되는 풍요로운 문화가 잊혀져 가고 있습니다. 그러나 앞으로 지구환경을 중시하는 새로운 시점이 다시 열림으로써 새로운 빗물문화의 발전이 기대되고 있습니다. 이러한 빗물에 관련된 모든 대책이 심층화되어 궁극에 달할 때까지 빗물을 최대한 활용하는 것을 기대합니다.

• '빗물활용' 의 실천

구체적으로 무엇을 하면 좋을까요?

먼저 정원 물주기의 간단한 실천으로부터 시작하여 조금씩 조금씩 빗물활용을 늘려가는 것입니다. 지금까지의 빗물활용이란 화장실용수 이용으로 끝나버리는 경우가 많았습니다. 앞으로 더욱 용도를 넓히고 침투나 증발산도 하여 가능한 한 많은 빗물을 제어할 수 있도록 하는 것이 바람직합니다. 이 때문에 빗물을 더욱 잘 아는 것이 필요합니다.

• '비의 건축도' 를 최대한 활용한 효과

빗물활용의 범위를 넓혀 가면 사회 시스템의 큰 개선으로 연결됩니다. 최근 강우강도[27]가 100mm/h 를 넘는 호우의 횟수가 증가하고 있지만, 하천과 하수도에서 대응할 수 있는 것은 50mm/h 가 한도입니다. 따라서 빗물건축에서는 이 강우강도 50mm/h 를 넘는 양의 빗물에 대응할 수 있는지가 하나의 기준이 됩니다. 일시적으로 모은 빗물은 시간 차이를 두고 흘림으로써 하천과 하수도의 부담을 가볍게 할 수 있습니다. 시간 간격을 두고 흘림으로써 침투통 자체도 효과적으로 침투시킬 수 있고, 또 증발산도 촉진할 수 있습니다.

빗물저장조의 용량을 크게 하면 비상용수로써 빗물을 비축할 수 있습니다. 호우뿐만 아니라 갈수도 늘어나는 경향에 있으므로, 깨끗한 빗물은 점차 귀중한 담수자원으로써 자리매김을 하고 있습니다. 이러한 실천은 우리 모두가 참여하는 것으로 큰 효과를 발휘합니다. 그러기 위해서는 빗물활용에 관한 법률 제정 등 사회 시스템으로써의 큰 전환이 필요합니다.

매화에 맺힌 눈이 녹아서 된 물방울
2월 아침안개가 낀 정원

푸조나무의 신록 3월

빗물의 계절표정

햇살을 받아서 다양한 계절표정을 즐길 수 있는 빗물과 눈, 얼음, 나뭇잎이나 꽃의 조화에 주목해 보았다.

눈에 둘러싸인 매화꽃과 햇빛을 받아서 녹은 그 물방울 2월

신록이 상쾌한 푸조나무의 숲 3월

나무 밑에서 마시는 차가 향기로운 수양벚나무 4월

빗물연못을 좋아하는 제비붓꽃과 검정날개 잠자리 6월, 7월

붉은색으로 정원을 물들이는 도후쿠지의 단풍나무 12월

비가 보여주는 다양한 계절표정을 즐길 수 있는 적절한 건물과 마을을 많이 만들어 가자.

수양벚나무에 둘러싸인 차 마시는 공간 4월

제비붓꽃 6월

검정날개 잠자리 7월

도후쿠지(東福寺)의 단풍 교토 12월

제2장 ‘우리집에서 우리마을에서 무엇을 할 수 있나요?’

이 장에서는 ‘빗물건축’ 실현을 위한 구체적인 방법의 개요, 주의점 등을 설명하고 있습니다. 또 각각의 사례에 대하여 생각할 수 있는 방법과 정리해야 할 조건 등 ‘빗물건축’의 도입에 필요한 것을 해설하고 있습니다.

2.1 '우리집을 "빗물건축"으로 하려면?'

우리집을 '빗물건축' 으로 하려면 구체적으로 어떤 기능이 필요할까요?

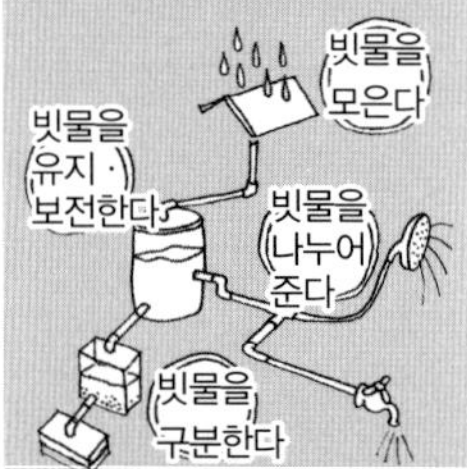

• '빗물을 모으는 건축'

먼저 '빗물을 모은다' 는 기능이 있을 것. 건축물과 부지에서 가장 간단히 깨끗한 빗물을 모을 수 있는 것은 지붕입니다. 지붕을 이용하거나 연못이나 정원에서 모으는 등 다양한 방법이 있습니다.

• '빗물을 유지하는 건축'

다음에 '빗물을 유지한다' 는 기능이 있을 것. 빗물을 저장하는 탱크나 보수성(保水性)이 있는 소재를 건축자재로 사용하는 방법도 있습니다. 건물 주변 포장으로 보수성이 있는 소재를 사용하거나 식재공간을 설치하는 것으로 보수성을 높일 수 있습니다. '빗물건축' 은 강우강도 50mm/h에 대응할 수 있는지가 하나의 기준이 됩니다.

• '빗물을 나누어주는 건축'

하늘로부터 내려온 빗물을 다양한 용도에 활용하기 위해서는 활용하는 장소에 '빗물을 나누어줄' 필요가 있습니다. 빗물의 이용 장소까지 배관, 수도꼭지를 설치할 경우, 수돗물의 수도꼭지와 구분할 필요가 있습니다. 용도별로 빗물과 수돗물을 구분하여 쓸 수 있도록 하고, 예상치 못한 트러블 방지를 위해 각각의 수도꼭지를 알기 쉽게 식별할 수 있게 할 필요가 있습니다.

• '빗물을 구분하는 건축'

'빗물을 구분한다' 는 기능을 가지게 하는 것이 중요합니다. 빗물을 '빌릴' 때와 '되돌릴' 때에 빗물의 수질을 구분하는, 다시 말해 '정우(整雨)[53]' 하는 기능을 갖도록 빗물활용의 폭을 크게 넓힐 수 있고, 빗물순환을 위한 큰 역할을 '빗물건축' 이 담당할 수 있는 것입니다. 이러한 기능에 덧붙여 '빗물건축' 으로서의 건전한 물순환에 기여하기 위해서는 다음 사항을 지킬 필요가 있습니다. 이에 대해서는 3장의 '용도' 에서 자세하게 해설하고 있습니다.

• '빗물건축'을 위한 세 가지 조건

'빗물을 빌릴 때, 되돌릴 때 수질에 주의한다'

본래 비는 불순물을 포함하지 않은 깨끗한 증류수입니다. 그 빗물을 모아서 저장할 때, 그리고 되돌릴 때 가능한 한 더럽히지 않는 배려가 필요합니다. 또 빗물활용에서는 용도별로 적절하게 구분된 빗물을 이용하는 것이 중요합니다. 동식물과 인체, 이용하는 도구를 고려하고, 용도별로 구분된 빗물을 활용하는 것이 중요하므로, 빗물을 필요이상의 레벨로 정화해서 활용하는 것은 '아깝다'라는 것이 됩니다.

→ 3장 "적절한 '정우레벨을' 사용한다"를 참조

'빗물활용의 사례와 장소의 특성에 따른 방법을 사용한다'

'일상생활의 활용인가?' '비상시 활용인가?' '개인적인 활용인가?' '많은 사람에 의한 활용인가?' '불특정 다수의 사람에 의한 활용인가?' 이러한 차이로 적절한 재질이나 필요한 장치가 모두 달라집니다. 빗물을 모을 때, 그 주변환경과 장소의 조건, 계절 등을 고려해야 합니다.

→ 3장 '계획 · 공사 시의 주의점'

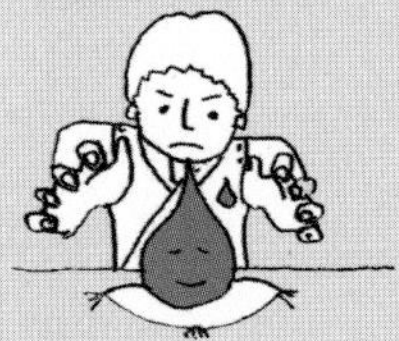

'빗물활용으로 이용하는 장치는 스스로 정기적으로 점검한다'

빗물활용에는 다양한 분산형 기술을 집약하게 됩니다. 이와 같이 다양하게 맞춰 모인 분산형 기술에서는 유지관리도 개별적으로 대응해야 하는 경우가 많아서 활용자가 스스로 관리를 할 수 있어야 합니다. 따라서 각각 유지하기 쉬운 기술과 시스템을 받아들여 스스로 점검하면서 빗물을 활용하는 것이 중요합니다.

→ 3장 '이용시나 유지관리의 주의점'

2.2 우리집에서 무엇을 할 수 있나요?

각각의 사례에 대해 어떤 방법이 적절한지 검토해 봅시다. 먼저 가장 가까운 주택을 예로 생각해 봅니다.

• 주택의 경우

먼저, 주택의 경우 '단독주택' 인지 또는 '집합주택' 인지가 주요 포인트입니다. 단독주택의 경우는 홈통과 정원이 전용이지만, 집합주택의 경우는 공용인 경우가 많습니다. 이에 따라 설비의 설치장소의 제약과 설치 여부 등이 달라집니다. 지붕에서 모아지는 빗물양의 계산은 건물면적이 중요한 포인트가 됩니다. 또 직접 빗물을 모을 수 있는 정원과 옥상, 입구 주변 등의 외부공간에는 길가 물뿌리기나 정원에 물주기 등 효과적으로 빗물을 활용할 수 있는 다양한 방법이 있습니다.

다음으로 빗물활용을 도입하는 타이밍이 '신축' 인지 또는 '개축' 인지에 따라 크게 달라집니다. 신축의 경우, 설계 시작단계부터 지하의 빗물저장조와 효율적인 배관을 구성할 수 있습니다. 개축의 경우, 기존 건물에 새롭게 덧붙여서 물을 사용하는 공간과 지붕, 옥상 및 홈통 등의 개수(改裝)와 수리, 또 정원 개수 등의 공사 시에 새로운 탱크나 설비를 설치할 수 있습니다. 물론, 기존 건물과 정원을 바꾸지 않고 빗물탱크를 설치하거나 정원에 침투시설을 만드는 것도 가능합니다. 빗물을 어디에 사용하고 싶은지에 따라서도 선택지가 나눠집니다. 정원 물주기, 화장실용수, 생태계를 배려한 정원 만들기 등 각자 바라는 희망사항이 있을 것입니다. 이러한 빗물활용의 '용도' 에 대해서는, 이 책의 제 3장에 용도별로 자세하게 설명하고 있습니다.

• 주택 이외의 건물

주택 이외의 건물, 예를 들어 학교나 시청, 홀 등의 공공건축, 상업시설 등에서도 빗물을 활용할 수 있습니다. 그리고 건물뿐만 아니라 공원, 도로진입로, 주차장 등의 외부공간에서도 할 수 있는 곳이 많이 있습니다. 이러한 도입방법을 검토하기 위해 주택과 마찬가지로 건물의 종류, 면적, 외부공간의 유무, 사용용도 등이 중요한 사항입니다. 또 주택 이외의 건물에서는 그 사용방법을 생각하는 것이 포인트가 됩니다. 예를 들어, 건물 사용시간이 집중되거나 정원수 물주기가 많은 등 건물마다 특성이 있으므로 그것을 기준으로 빗물활용방법을 생각하는 것이 중요합니다. 또 직접 사람이 드나들지 않는 옥상이나 빌딩 간의 외부공간도 고려하면, 부지 전체적으로 효율적인 빗물활용을 할 수 있습니다.

또한 재해에 대비하여 공공시설에 비상시의 음용수용의 빗물저장 기능을 도입하거나, 운동장 등의 커다란 외부공간을 큰비가 올 때 일시저장에 사용하는 등, 소규모 건물과 개인소유 건물에서는 적용하기 어려운 것도 도입할 수 있습니다. 특히 전문가의 손을 빌리지 않으면 할 수 없는 것과 스스로 할 수 있는 것, 종류나 면적 등의 다양한 조건을 정리하고 희망 용도를 그다지 제한하지 않음으로써 빗물건축의 미래를 풍부하게 디자인할 수 있습니다.

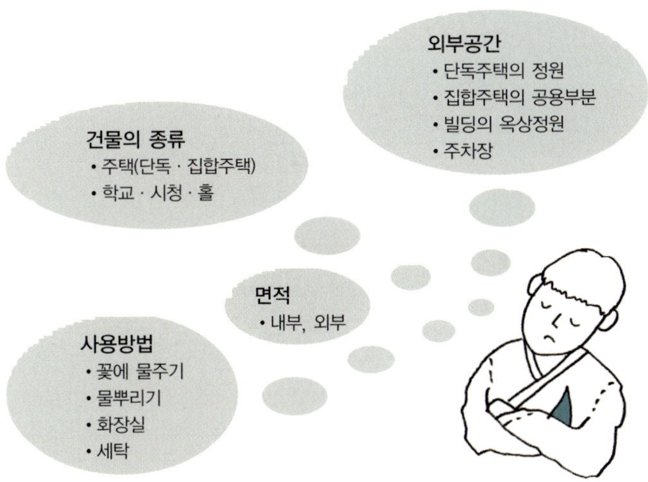

2.3 '우리 마을에서 무엇을 할 수 있나요?'

우리가 살고 있는 지역은 어떤 곳인가요? 빗물건축의 도입에서는 '장소의 특성을 잘 확인한다' 라고 하는 것이 중요합니다. 거주 지역이 지하수 수위가 높은 지역인지, 공장 부근인지 등에 따라 적합한 도입방법과 주의점이 다릅니다. 지역과 조건에 따라서 도입할 수 없는 방법도 있으므로 주의해야 합니다. 먼저 지역 특성의 조사가 필요합니다.

또 개별적인 부지의 특성뿐만 아니라 지역이라고 하는 넓은 개념, 특히 '유역[86]' 혹은 '집수역[40]' 안의 특성을 생각하는 것이 중요합니다.

예를 들어, 홍수피해 방지를 목적으로 하는 경우, 우리집이 어떤 지역에 위치하고 어떤 식으로 전체 홍수피해를 줄이는 데 기여할 수 있는가를 생각해보아야 합니다.

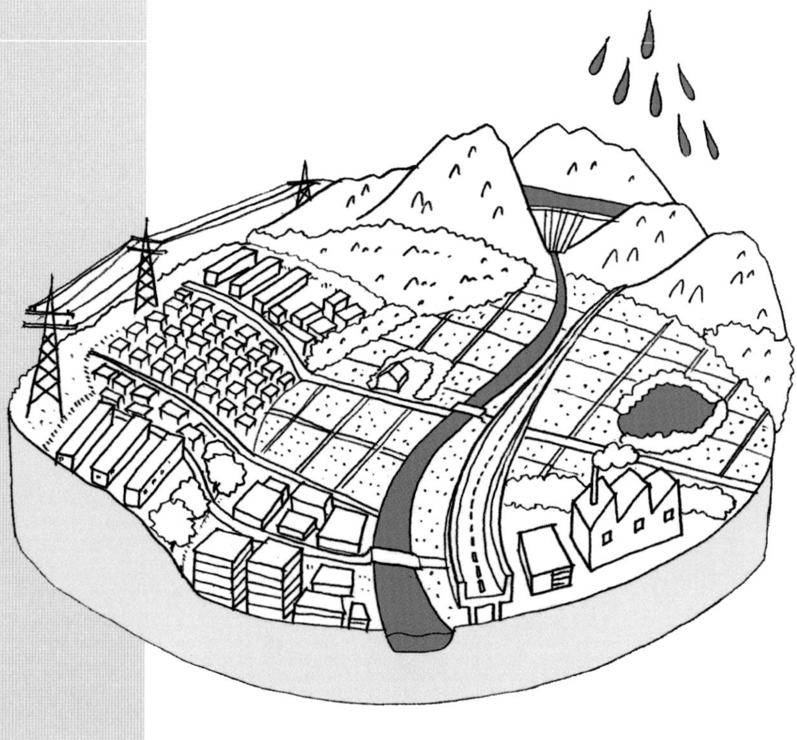

• **빗물저장이 필요한 지역**

빗물저장은 홍수피해 방지 효과가 있습니다. 단시간에 대량으로 배수되는 하천과 하수도에 넘쳐나는 빗물을 각 가정에서 조금씩 모아서 부지 내에 침투시키면, 홍수의 발생을 억제할 수 있습니다. 직접적인 침수의 피해가 적은 고지대나 상류지역에 살고 있는 분들이 적극적으로 빗물저장조에 저장한다면, 하류나 저지대의 홍수피해를 줄이는 홍수억제대책으로써 매우 유효합니다.

'빗물침투 지침' 국토교통성

• **침투를 할 수 있는 지역과 침투가 적절하지 않은 지역**

침투효과가 있는 곳은 기본적으로 지하수 수위가 낮은 곳과 투수층[67]이 지하에 있는 지역입니다. 특히 물을 퍼 올리는 방식의 우물 등으로 지하수 수위가 낮아지는 지역에서는, 집에 우물이 없더라도 지하에 물을 되돌리기 위해 이러한 방식을 도입하는 것이 바람직합니다. 이때 중요한 것은 지형과 지질이 무너지기 쉬운 구역이 아닌지, 투수성이 낮은 토질이 아닌지, 지하수 수위가 높지 않은지, 침투로 토양오염이 확산될 가능성은 없는지 등을 미리 확인해야 합니다.

• **주변시설**

공장 · 도로 주변 지역에서는 대기중에 공장과 차의 배기 등의 오염물질이 비에 섞여서 내려올 수가 있습니다. 따라서 주변에 공장과 고속도로 등 교통량이 많은 도로가 있을 경우는 정우(整雨) 방법(예를 들어, 필터 등)에 주의해야 합니다.

2.4 '우리집에서 우리마을에서 이만큼 모을 수 있어요!'

지붕의 투영면적이란 지붕을 위에서 본 면적 (그림참조)

여러분이 '빗물활용을 하자!' 고 할 때, 가장 먼저 떠오르는 것은 '빗물을 얼마나 모을 수 있을까?' , '빗물을 모아서 무엇에 활용할 수 있을까?' 라는 의문이 아닐까요?

• 우리집 지붕은 빗물을 얼마나 모을 수 있나요?

우리집에서 가장 간단히 빗물을 모을 수 있는 곳은, 바로 '지붕' 입니다. 먼저 집지붕의 면적을 알아보는 것부터 시작합니다. 지붕이 받는 빗물의 양을 계산할 경우, 지붕의 실제면적이 아니라 '투영 면적' 으로 구해보아야 합니다. 지붕의 투영면적과 강수량에서 지붕이 받는 빗물의 양을 산출할 수 있습니다. 실제로 모을 수 있는 빗물양은 산출한 빗물양에 지붕으로부터의 '증발률과 취수율' 을 곱해서 계산합니다. 이 비율은 지붕의 재질과 경사, 취수장치별로 달라집니다.

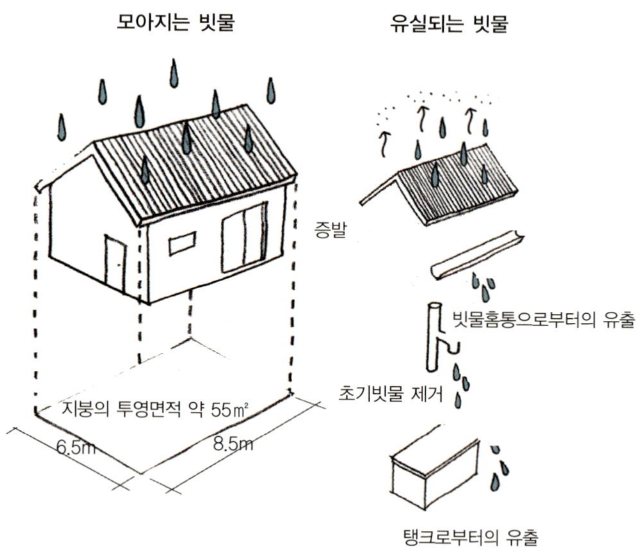

집지붕에 1년간 내린 빗물량은?
55㎡(지붕의 투영면적)×1,500㎜(연간 강수량)×0.9=74.25㎥

• 지역에 따른 강우 특성의 차이

전 세계에서 일본은 온난습윤기후로 분류되지만, 일본 내에서도 지역별로 강우 특성은 다릅니다. 만일 같은 강수량이더라도 평균적으로 일정한 양의 비가 내리는 지역과 한꺼번에 많은 비가 내리는 지역에서는 빗물을 모으는 방법이 달라집니다. 따라서 우리가 살고 있는 장소의 연간 강수량과 계절에 따른 변동량 등을 알아보아야 합니다.

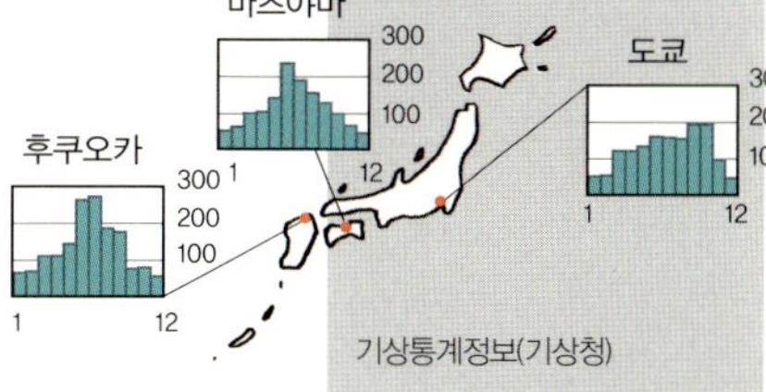

기상통계정보(기상청)

• 실제로 얼마나 모으면 좋을까요?

비는 정기적으로 내리지 않습니다. 지역별로 강수패턴은 다릅니다. 빗물활용을 하려면 과거의 기상 데이터 등에서 그 지역의 비가 내리는 경향을 확인하여, 거기에 맞는 저장량과 집수면적을 계획합니다. 또 빗물활용량, 거주인원수, 지역의 강수량 데이터 등에서 적절한 저장량과 빗물 유출을 억제할 수 있는 비율 및 이용 가능한 일수 등을 시뮬레이션해 볼 수 있습니다. 그래프의 곡선이 수평이 되는 저장량(그래프 중 빨간색)으로 계획하면 유효한 빗물활용을 할 수 있습니다. 또 기상 데이터와 집수면적에서 산출된 저장량을 기본으로 활용목적을 결정하는 방법도 있습니다.

빗물저장량의 시뮬레이션 그래프*1
(저장량 변화에 의한 이용일수와 유출억제율의 변화)

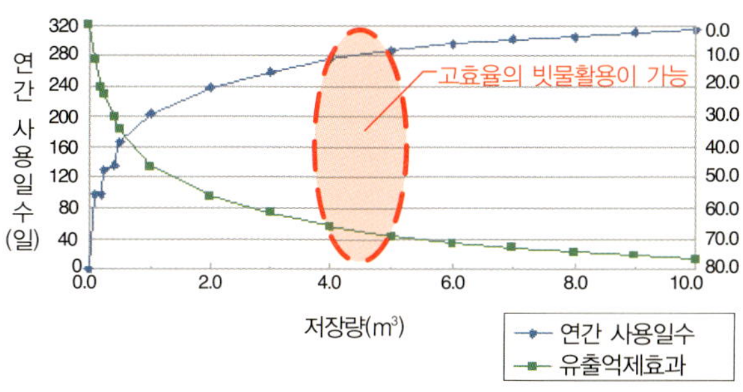

*1
접수면적 : 60㎡
대상지역 : 도쿄
대상연도 : 2001년(1994~2003년의 평균연강수량)
빗물사용량/일 : 200L(가족4인×40L/인의 화장실 세정수+살수량40L/일)
증발률과 취수율 : 0.9
출전 : 경제산업성 에너지절약 방법추진협의회 '에너지절약 방법주택 추진 어프로치'

2.5 '어떤 빗물을 어디에 사용하나요?'

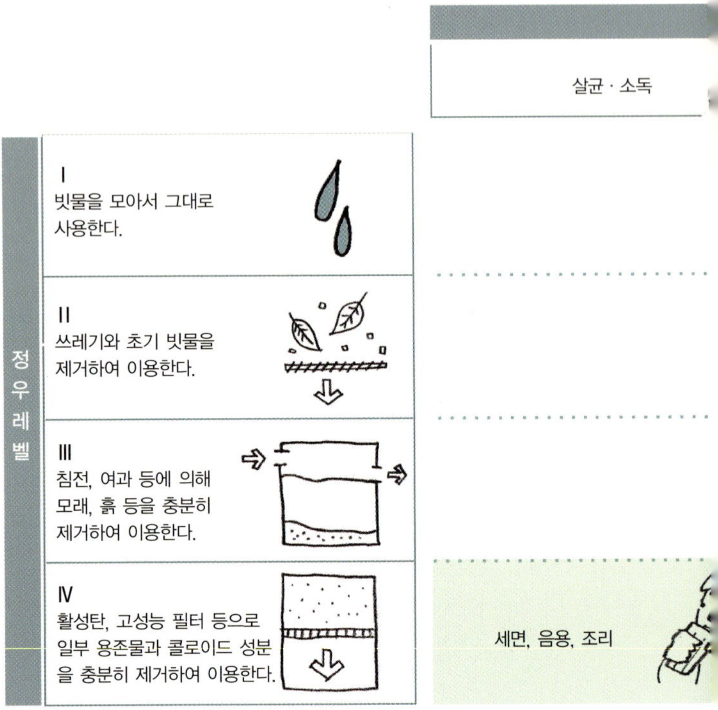

• '빗물을 구분해서 활용한다'

빗물은 대기중의 먼지나 분진, 지붕과 홈통 쓰레기 등 다양한 이물질이 섞인 상태로 모아집니다. 이러한 빗물을 다양한 용도로 사용하기 위해서는 비에 포함된 이물질 등을 각 용도에 맞춰서 제거해야 합니다. 이것이 바로 '정우(整雨)' 입니다.

'정우' 레벨은 혼합물의 제거방법에 따라 4단계가 있습니다. 용도별로는 막 여과나 약품 등을 이용하고, 세균 제거[48]와 살균[35] 등의 '제균[54]' 처리를 실시합니다.

그러나 가장 높은 정우 레벨이 모든 용도에 최적이라고는 할 수 없습니다. 왜냐하면, 음용할 수 있는 높은 정우 레벨의 빗물을 길가의 물뿌리기에 사용하는 것은 '아깝다' 이고, 빗물수질을 높이기 위해서 애써 사용한 에너지를 낭비하는 결과가 되기 때문입니다. 음용수로 빗물을 활용할 경우, 별도로 작은 전용 물탱크에 빗물을 모아서 이용하는 것도 하나의 방법입니다.

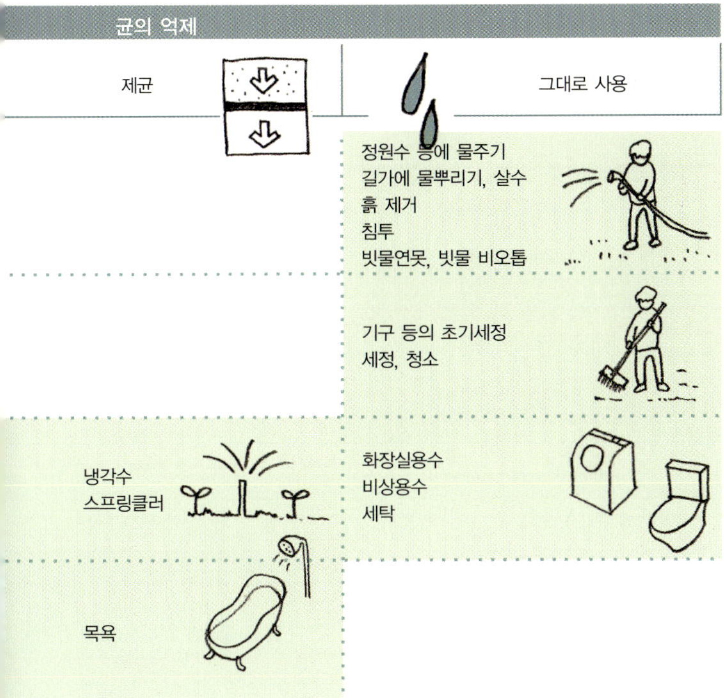

※ '비의 정우레벨'은 일본건축학회 발행의 《빗물활용건축가이드라인》에 근거하여 작성했습니다.

따라서 각각의 용도별로 적절한 정우 레벨의 빗물을 활용하는 것을 권장합니다.

• '빗물을 다단계로 활용한다'

높은 정우 레벨로 이용한 빗물을 낮은 정우 레벨 용도로 재이용하면 다단계로 빗물활용이 가능합니다. 이러한 다단계 이용으로 담수자원을 유용하게 활용할 수 있습니다. 다단계로 빗물을 활용하려면 항상 다음 용도에 어떻게 사용할지를 생각하면서 빗물을 활용하는 것이 중요합니다.

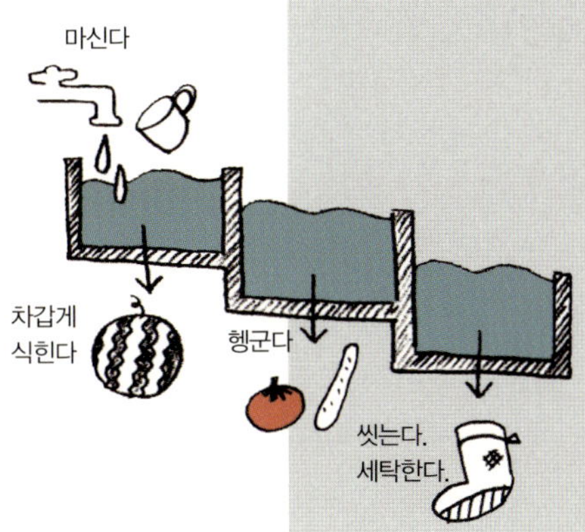

2.6 '『빗물건축』은 이익일까요!?'

빗물을 활용하면 무엇이 이익일까요? 수도요금? 하수도요금? 또는??...

빗물건축의 무엇이 이익인지 생각해 봅시다.

*1 : 환경성 환경가계부(에코판)의 CO_2 배출량 계수로부터

• '빗물활용은 이렇게 이익입니다!'

① 절수로 이익! 수돗물 대신 빗물을 이용하면 수도요금이 절약됩니다. 또 수돗물 절약은 정수시설 등으로 사용되는 에너지를 절감할 수 있고 CO_2 배출량 감축에 연결됩니다. 수돗물을 $1m^3$ 절약하면 0.23kg- CO_2*1의 CO_2 배출억제효과가 있습니다.

② 호우대책으로 이익! 최근 빈번하게 발생하는 매우 좁은 범위에서의 '게릴라 집중호우'. 이 대책으로 가장 주목받고 있는 것이 빗물활용입니다. 빗물을 침투시키거나 일시적으로 저장하여 하수도나 하천의 범람을 막을 수 있고 홍수억제효과가 있습니다.

③ 수원 확보로 이익! 멀리 있는 댐 등의 수원에 의존하지 않고 우리집에서 수원을 확보할 수 있습니다. 비상시 수원으로도 효율적으로 활용할 수 있습니다.

또 다른 부수적인 효과로, '비가 몹시 기다려져진다' 거나 '비를 즐긴다' 라는 것도 유익한 면이라고 생각합니다. 지금까지 일기 예보에서 '비 예보' 가 나오면 실망했지만, 빗물활용을 시작하면 '비 예보' 를 즐겁게 기다리게 됩니다. 물탱크의 빗물량이 줄어들면 빗물을 소중히 여기며 사용하는 것, 다시 말해 '아깝다' 는 마음이 생기는 것도 이익 중 하나라고 볼 수 있습니다.

• 빗물활용과 하수도요금

빗물을 이용하면 수도요금과 하수도요금이 절약된다! 라는 분이 있지만, 그것은 틀립니다. 확실히 수돗물 대신 빗물을 사용하면 그만큼 수도요금은 절약됩니다. 단, 하수도요금은 그렇지 않습니다.

빗물이용과 하수도요금 등의 관계*2

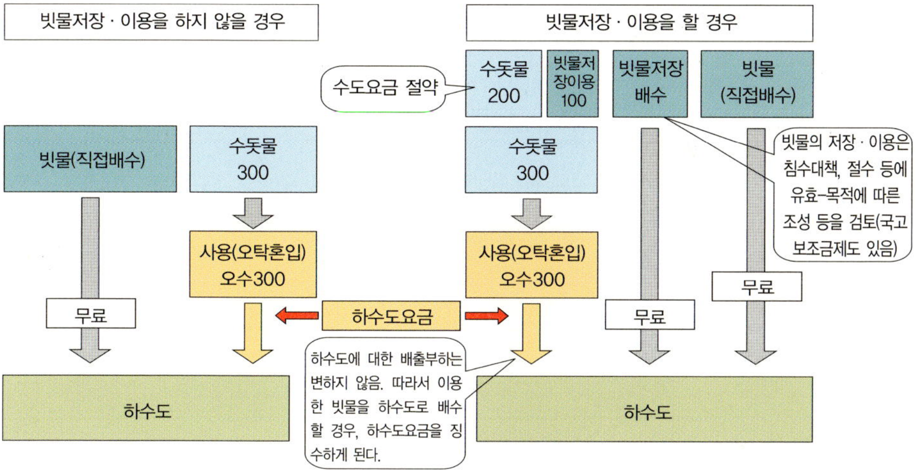

일반적으로 하수도요금은 수돗물 사용량에 따라 산출됩니다. 이로 인해 빗물을 이용하고 수돗물 사용량을 줄이면 하수도요금도 줄어든다고 오해하는 경향이 있습니다.

그러나 원래 하수도요금은 '더러운 물'의 정화 처리비용이기 때문에 어떤 수원의 물(수돗물, 빗물)이든지 더러운 물을 하수도에 흘려보낸 것에 대해서는, 그 처리비용(하수도요금)을 내야 합니다. 즉, 빗물을 하수도에 흘려보내면 하수도요금을 내야 합니다. 단, 정원수 등에 물주기, 길가에 물뿌리기 등으로 빗물을 침투시키면 하수도요금을 낼 필요가 없습니다.

또한 합류식 하수도의 처리비용 체계는 '더러운 물은 개인부담, 빗물은 공공부담' 이므로, 우리의 세금에서 빗물 처리비용을 자동적으로 부담하고 있는 것입니다. 즉, 빗물을 그대로 하수도에 흘려보내는 양을 줄이면 세금을 줄이는 효과도 있습니다. 이것도 빗물건축의 이익 중 하나라고 할 수 있습니다.

*2 : 일본건축학회 빗물건축규격화 소위원회 자료

발코니 차양을 흐르는 투명한 비의 모양

겨울의 태양열을 흡수해서 방을 데워 촉촉하게 해주는 툇마루의 빗물연못, 아침안개의 집(역자주 : 朝霞の家, 스즈키 교수 자택의 작품명)

건물과 정원의 빗물

식탁 앞의 발코니의 차양을 흐르는 투명한 빗물 흐름은 식사의 분위기를 북돋아 준다.

툇마루에 만들어진 빗물연못은 태양열을 흡수해서 방을 촉촉하고 따뜻하게 해주므로 경제적이다.

현관의 선홈통 외부로부터 떨어지는 빗물은 손을 씻게 한다.

빗물을 받는 수반은 작은 새들도 불러들인다.

정원의 검은 옥석은 빗물에 젖어서 생동감 있는 표정을 보여주고, 예쁜 이끼가 자라나서 빗물을 대지로 침투시킨다.

천천히 흐르는 빗물은 생물을 촉촉히 적셔주고 홍수를 방지하며 기후를 조절하면서 지구를 순환하는 비의 일면을 보여준다.

지붕홈통으로부터 떨어지는 빗물 수반 쇼덴지(正伝寺) 교토(京都)

빗물이 나오는 옥석, 아침안개의 집(역자주 : 朝霞の家, 스즈키 교수 자택의 작품명)

빗물을 대지에 되돌리는 이끼 즈이신인(隋心院) 교토

제3장 '자, 이제 실천해보자! 빗물건축'

3.1에서는 '빗물건축' 에서 실천하는 빗물활용방법에 대해 용도별로 나타내고 있으며, 3.2에서는 각 부품의 역할, 특징, 이용방법, 주의사항을 나타내고 있습니다.

3.1 우리집에서 '무엇' 을 할 수 있나요?

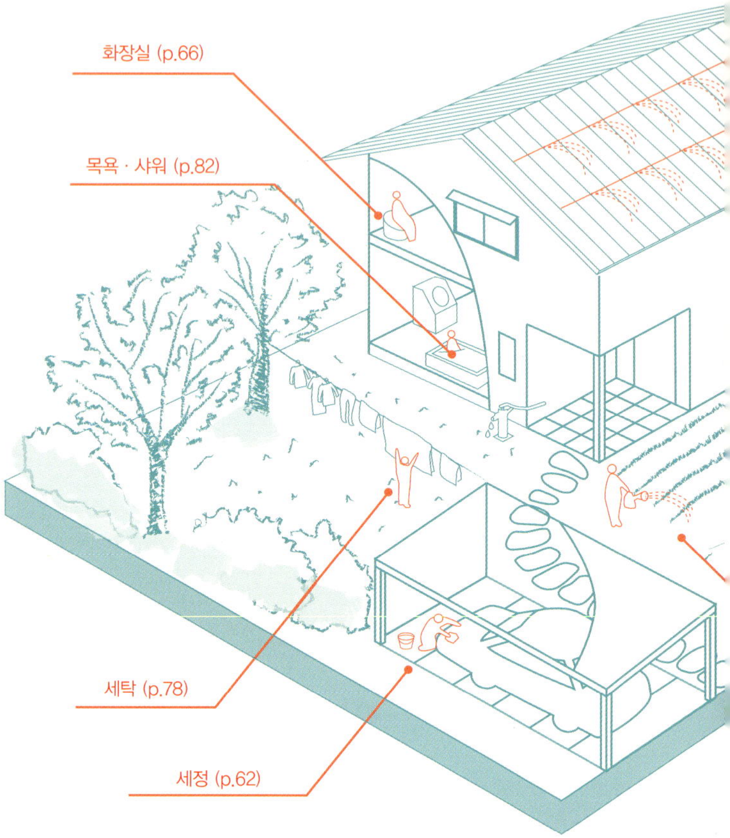

우리집에는 '빗물활용' 을 할 수 있는 장소가 사실상 많이 있습니다. 어쩌면 모르는 사이에 벌써 활용되고 있는 곳이 있을 수도 있습니다. 예를 들어, 정원의 식물은 자연스럽게 비의 축복을 받고 있고, 포장되어 있지 않은 지면에도 비가 자연스럽게 침투되고 있습니다.

이 장의 각 항목을 참고로 손쉽게 할 수 있는 것부터 하나 하나 빗물을 활용해나가면, 조만간 우리집은 훌륭한 '빗물건축' 이 될 것입니다.

• 계획 시나 시공 시에 주의가 필요한 경우

각 항목마다 적절한 정우(整雨) 레벨*1이나 계획 및 유지관리 시

*1 : '정우레벨' p.38, 39

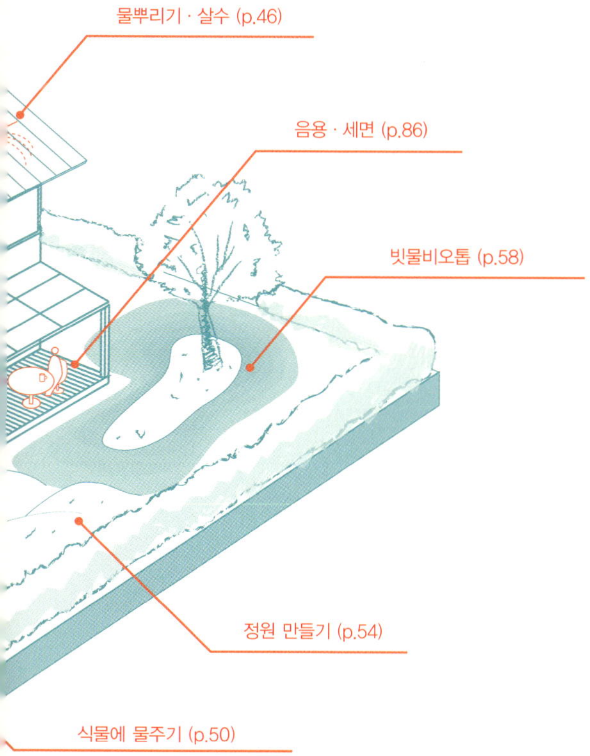

의 주의점을 표시하고 있습니다. 빗물이 벌써 활용되고 있지만 알지 못했던 주의점과 새로운 방법 등이 있을 수 있습니다. 이러한 주의점을 참고로 각각의 조건에 맞게 모르는 부분은 전문가의 손을 빌리고, 또 새로운 아이디어를 낸다면 '빗물건축'을 좀더 풍부하게 할 수 있습니다.

• 설계에 관한 자세한 정보

좀더 상세한 설계나 제품에 관한 자세한 정보 등을 확인하려면 일본건축학회가 발행한 《빗물활용건축 가이드라인》과 《빗물활용건축제품 편람》*2을 참고하십시오.

*2 : (사)빗물저류침투기술협회 발행

3.1.1 물뿌리기 · 살수

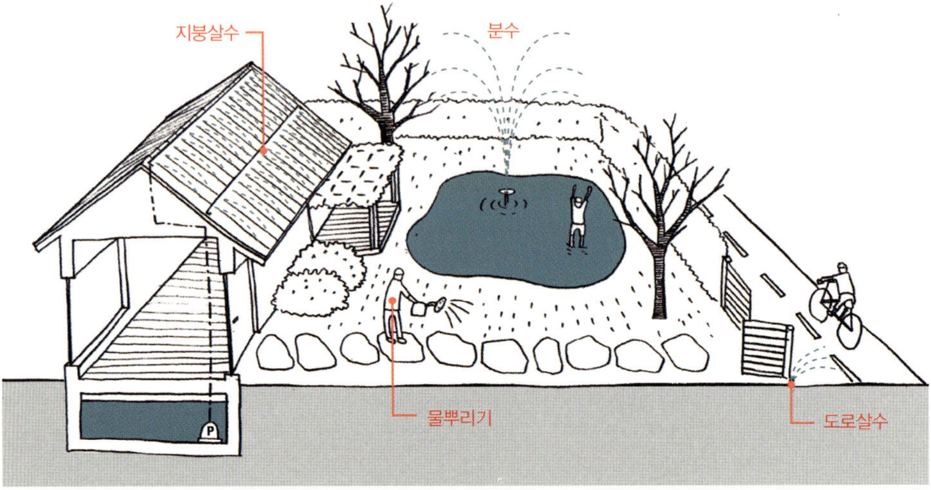

가장 간단한 빗물활용은 물뿌리기 · 살수입니다. 대부분의 외부 공간에서 쉽게 활용할 수 있습니다. 길에 물을 뿌리거나 살수를 하면 다음과 같은 효과가 있습니다.

1. 증발에 의한 냉각효과
2. 열섬화(heat island)현상의 억제
3. 빗물을 대지나 대기중에 되돌려 건전한 빗물순환계를 육성

□정우(整雨) 레벨

지붕으로부터 모은 빗물을 빗물탱크에 저장하여 물뿌리개 등으로 물을 주려면 '정우 레벨 I' 로 하고, 스프링클러(Springkler)나 살수노즐 등의 관개장치에 사용하려면 모래 등에 의한 막힘을 방지하기 위해서 '정우 레벨II' 로 합니다.

□계획 · 공사 시의 주의점

물뿌리기 · 살수를 관개장치로 할 경우에는 빗물탱크와는 별도로 급수펌프가 필요합니다. 또 물뿌리기 · 살수는 대상, 규모, 살수방법, 살수시간, 계절별로 살수량이 다르므로 조건에 따라서 빗물저장량을 정할 필요가 있습니다.

보수성(保水性)이 있는 소재에 물뿌리기 · 살수를 하면 증발에 의한 냉각효과가 있습니다. 단열이 잘 되어 있는 일반주택 등의 지붕살수는 그다지 효과가 없지만, 단열이 되어 있지 않은 공장 지붕은 살수로 실내를 시원하게 할 수 있습니다. 또 열섬화(heat island)대책으로 유효합니다.

□이용 시나 유지관리 시의 주의점

지붕에 살수할 때에는 분수처럼 물을 뿌리는 것이 아니라 가능한 한 지붕면에 물을 흘려보내는 것이 효과적입니다.

Q : 물뿌리기와 살수에 효과적인 방법은 무엇인가요?

A : 물뿌리기는 비교적 조석의 기온이 낮은 시간에 하는 것이 효과적입니다. 여름에 기온이 높은 상태에서 아스팔트에 물뿌리기를 하면 물은 곧 증발해버리므로 기화에 의한 기온상승 억제효과가 떨어집니다. 한편, 기온이 높을 때에 물뿌리기를 하면, 그 부분의 기압이 바뀌어 바람이 일어나므로 선선한 바람은 얻을 수 있습니다.

Q : 드라이미스트(drymist)에 빗물을 사용할 수 있나요?

A : 드라이미스트는 인체와 직접적으로 접촉할 수 있으므로 음용수 레벨의 수질이 필요합니다. 빗물을 활용할 경우에는 정우 레벨 IV의 빗물에 염소살균(제균)을 하고 보건소 등에서 수질검사를 한 후에 이용할 수 있습니다. 또 일정 기간마다 수질검사와 시스템의 유지관리가 필수적입니다.

Q : 스프링클러나 분수에 이용할 때의 주의점은 무엇인가요?

A : 스프링클러나 분수의 노즐이 막히지 않도록 모래나 진흙을 잘 제거해야 (정우 레벨 III)합니다. 또 스프링클러와 같이 물방울을 비산하는 타입은 정우 후 반드시 제균(세균 제거 혹은 살균)을 하고 나서 이용하는 것이 좋습니다.

Q : 어디에 물뿌리기를 하는 것이 효과적인가요?

A : 작고 많은 구멍이 나있는 화산암과 세라믹 소재 등의 다공질 소재부분에 물뿌리기를 하면 빗물이 스며들어 서서히 기화하므로 오랫동안 효과를 얻을 수 있습니다. 열섬화대책으로 현관 진입로나 주차장, 벽 등에 보수성이 높은 다공질 소재를 사용하거나 옥상에 다공질 소재를 이용하는 등의 사례도 늘어나고 있습니다.

'소나기를 만들자!' – 구름할아버지와 빗물순이의 소나기 대화

구름할아버지 : 요즘 여름 더위는 유난히 견디기 힘들구나… 나같은 노인은 괴로워.

빗물순이 : 지구온난화의 영향으로 해마다 더워지고 있데요.

구름할아버지 : 내가 젊었을 때는, 한낮에는 더워도 저녁이 되면 소나기가 내려서 밤에는 제법 지내기 좋았지…….

빗물순이 : 40~50년 전까지는 도쿄 주변에 논과 저수지가 있어서 낮에 증발한 수증기가 비구름이 되어서 소나기를 내리게 하고 있었던거래요.

구름할아버지 : 오라. 우리 빗물순이가 아주 잘 알고 있구나 …….

빗물순이 : 책에서 읽었어요.

구름할아버지 : 여름을 시원하게 보내는 좋은 방법은 없을까…….

빗물순이 : 저녁에 물뿌리기를 하는 것도 좋지만, 건물 지붕과 정원에 빗물을 모아 웅덩이를 만들어 물을 증발시키면 좋지 않을까요?

구름할아버지 : 그래, 그거 아주 좋은 아이디어구나. 역시 우리 빗물순이는 머리가 좋아.

빗물순이 : 할아버지, 일본의 어느 섬에서 이런 즐거운 프로젝트가 있었데요.

구름할아버지 : 어디 보자, 이거 아주 즐거울 것 같구나……. 모두 같이 해볼까나.

'소나기 프로젝트'

세토우치(瀨戶內) 국제예술축제 2010의 오기섬(男木島)에서 실시된 '비의 골목길'은 섬의 세 군데에서 하루에 3번씩 소나기를 내리게 하는 프로젝트입니다. 작자는 "수도가 없었던 시대, 섬에서는 물이 무엇보다도 귀중한 것이었습니다. 섬 사람들에게 들은 옛날 생활과 물 이야기에서 아이디어를 얻고 섬 사람들의 협력을 얻어 우물물과 빗물홈통의 물을 이용해서 축복의 빗물을 내리게 하고 싶었습니다."라고 설명합니다. 섬 사람들의 마음이 담긴 낡은 대야와 양동이로 소나기를 내리게 하여 한여름의 섬에 작은 여유를 가져왔습니다.

프로젝트명 : '비의 골목길'
장소 : 가가와 현(香川縣) 다카마쓰 시(高松市) 오기섬
작자 : 타니야마(谷山) 교코(恭子)
전시 기간 : 2010년 7월~10월

3.1.2 식물에 물주기

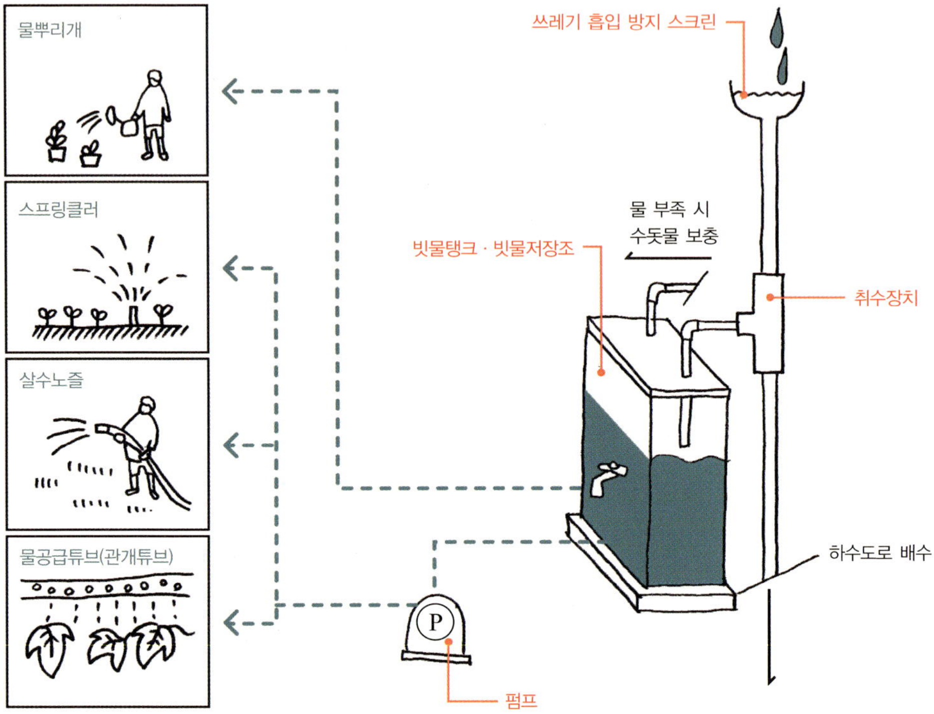

'식물에 물주기' 로 빗물의 축복을 잘 활용할 수 있습니다. 창문 근처의 플랜터(flower planter)는 정원의 살수 혹은 수경장치로도 활용할 수 있습니다. 수돗물에 포함되어 있는 '염소' 는 살균 작용이 있어서 토양 미생물 등에 좋지 않은 영향을 주므로 식물 자체에는 바람직하지 않습니다. 염소가 없으므로 천연의 증류수인 빗물은 안심하고 이용할 수 있습니다.

□정우(整雨) 레벨

지붕으로부터 모은 빗물을 빗물탱크에 저장하여 물뿌리개 등으로 물을 주려면 '정우 레벨 I' 로 하고, 스프링클러나 살수노즐 등의 관개장치에 사용하려면 모래 등에 의한 막힘을 방지하기 위해서 '정우 레벨II' 로 합니다.

□계획 · 공사 시의 주의점

물주기를 관개장치로 할 경우에는 빗물탱크와는 별도로 급수펌프가 필요합니다. 물주기는 대상, 규모, 살수방법, 살수시간, 계절별로 살수량이 다르므로, 조건에 따라서 빗물저장량을 결정할 필요가 있습니다.

□이용 시나 유지관리의 주의점

비가 적은 시기에 빗물탱크가 비어 수돗물로 공급해야 하는 경우, 직접 식물에 수돗물을 주지 말고 빗물탱크에 먼저 채워넣어 염소성분을 없애도록 합니다 (빗물탱크에 수돗물을 급수한 후 최소 12시간 이상 둡니다).

Bird Bath를 이용한 물가(새가 놀 수 있는 물가)

Q : 빗물탱크의 물을 스프링클러나 살수노즐에 사용할 수 있나요?

A : 둘 다 일정한 수압이 필요하기 때문에 일정 수압을 얻을 수 있는 펌프가 필요합니다. 또 노즐부분의 모래에 의한 막힘을 방지하기 위해서 단계적으로 필터를 설치해야 합니다.

빗물을 펌프에 보내기까지 모래 먼지 등의 제거방법

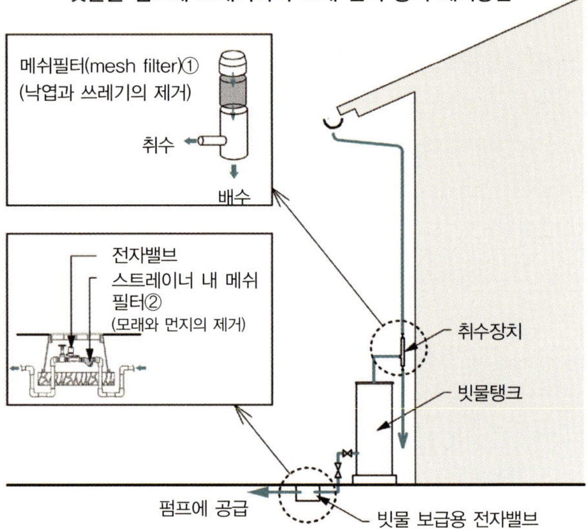

Q : 빗물을 창가의 플랜터(flower planter)에도 이용할 수 있나요?

A : 물공급 튜브를 플랜터에 넣어 물을 주는 방법이 있습니다. 바닥이 이중구조로 되어 있는 저수형 플랜터는 모세관 현상[81]을 이용한 물주기도 병용할 수 있습니다.

Q : 물공급 튜브란 무엇인가요?

A : 살수 호스와 달리, 물이 나오는 출구가 말단이 아니고 튜브에 일정 간격으로 뚫려 있는 작은 구멍으로부터 물이 나오는 타입과 튜브 자체가 다공질 소재로 되어 있어 다공질 소재로부터 물이 스며나오는 타입 등이 있습니다. 전자는 튜브를 지상에 설치하고 후자는 지하에 매설하는 방법이 일반적입니다. 비용적으로는 전자쪽이 저렴하지만, 후자가 흙의 건조상태에 따라 살수량을 제어하거나 일조에 의한 증발이 적다는 등의 이점이 있어 절수효과가 높습니다. 더욱이 후자는 지하에 매설하므로 경관이 깔끔해집니다.

Q : 부재중에도 물공급(관개)을 할 수 있는 방법은 있나요?

A : 스프링클러나 물공급 튜브 등의 살수장치에 타이머를 설치해서 자동적으로 제어하면 설정한 시간에 물을 공급할 수 있습니다. 또 흙의 수분을 감지해서 물주기를 하는 센서도 있어서 비가 오면 자동적으로 물공급을 하지 않는 타입도 있습니다.

Q : 식물 물주기에도 사용하고, 정원의 조형물로도 즐길 수 있는 장치가 있나요?

A : 새가 목욕하러 오는 물가 = '버드 배스' 를 만들어보는 것은 어떨까요?

'버드 배스(bird bath)' 의 포인트

- 수심은 3cm 미만으로 한다.
- 유실수를 가까이 심는다.
- 물은 매일 갈아줄 수 있도록 한다.
- 흘러내린 물을 주위의 물주기에 이용한다 등

버드 배스

3.1.3 정원 만들기

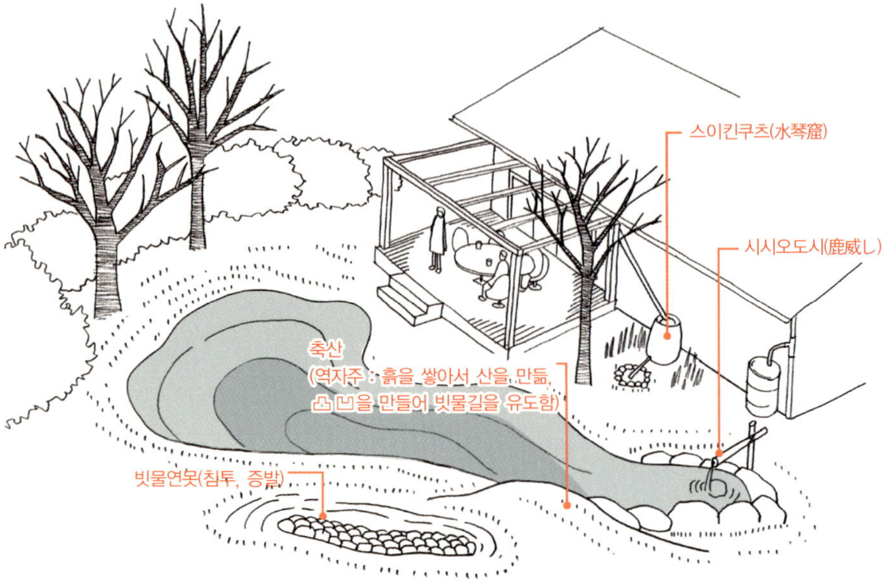

'정원 만들기' 는 다양한 방법으로 빗물의 축복을 활용할 수 있습니다. 예로부터 정원 만들기에 빗물을 활용하는 전통적인 기법이 많이 있었습니다. 정원 만들기는 빗물을 빌려 되돌린다고 하는 개념을 가지면서 미기후(微氣候)[75]를 조정하는 장치와 경관으로 즐길 수 있는 다양한 아이디어가 있습니다. 예를 들어, 정원의 일부를 움푹 파놓으면 비가 내렸을 때에 일시적으로 빗물을 모을 수 있는 '빗물연못' 이 됩니다. 또 흙을 쌓아올린 '축산 역자주 : 정원에 돌 · 흙 등을 쌓아서 산처럼 만든 곳' 은 '빗물길' 을 유도합니다.

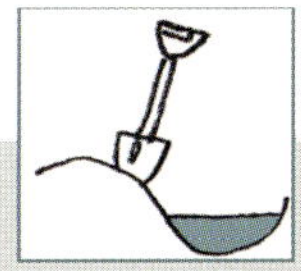

□정우(整雨) 레벨

정원에 직접 내리는 빗물을 활용한다면 '정우 레벨 I' 입니다. 단, 빗물을 지붕으로부터 모은다면 유지관리면에서 '정우 레벨II' 로 하는 것이 좋습니다.

□계획 · 공사 시의 주의점

빗물 침투구역을 설치하는 경우, 건물과 가까운 장소에는 만들지 않도록 합니다. 또 지반의 침투성을 미리 확인할 필요가 있습니다. 침투성이 낮은 경우에는 쇄석 등으로 치환하여 침투하기 쉬운 상태로 만듭니다.

정원의 빗물연못

프로젝트명 : 배경계획연구소
실험정원/소재지 : 도쿄도 다치가와시/**설계** : (주)배경계획연구소
준공 : 2000년

□이용 시나 유지관리의 주의점

빗물 침투구역을 설치하는 경우, 낙엽 등이 바람에 날려 한 군데에 쌓이는 것을 그대로 방치하면 낙엽이 썩어서 막히기 쉬우므로 정기적인 청소 (월 1회 정도, 단 낙엽이 많이 떨어지는 시기에는 월 2회)가 필요합니다.

• **빗물연못을 만들자**

Q : 정원의 어디에 만드는 것이 좋을까요?

A : 연못은 냉방이 없던 시대에 정원에서 시원함을 즐기기 위한 중요한 요소였습니다. 연못은 주변의 온도를 조절하고 기온차를 이용해서 실내에 선선한 바람을 불러 들이는 작용을 합니다. 그림과 같이 북쪽에 연못을 설치하면 낮에는 북쪽에서 남쪽으로, 야간에는 남쪽에서 북쪽으로 바람이 붑니다.

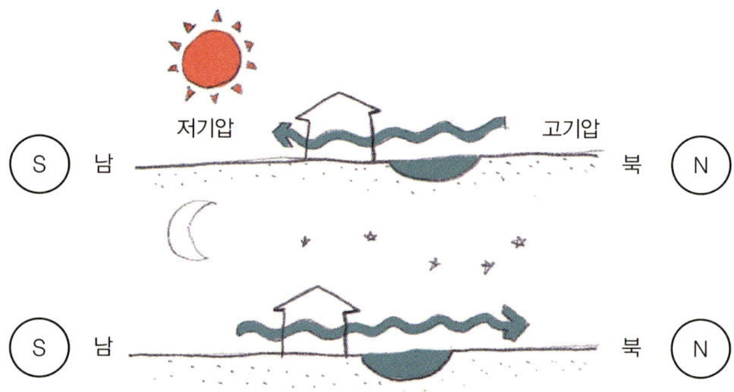

Q : 빗물만으로는 탁해지지(흐려지지) 않나요?

A : 수온이 20℃ 정도를 넘으면 녹조류나 미생물의 활동이 급격히 활발해져 일시적으로 탁해집니다. 그러나 조류의 번식이 안정되면 점차 회복됩니다. 조류나 호기성 미생물[29]은 수질 정화에 도움이 되는 반면, 녹조류는 지나치게 무성해지면 용존 산소를 빼앗으므로 한창 번식하는 여름 등에는 특히 손질이 필요합니다.

Q : 빗물을 모아두기만 해도 되나요?

A : 수심이 있으면 수중에서 자연대류가 일어나지만 작은 연못에서는 자연대류가 어려우므로, 가능한 한 균일한 깊이가 아닌 깊고 얕은 여울을 만들어 수온차가 생기도록 합니다. 따라서 작은 연못에는 펌프 등으로 인위적인 대류를 일으키는 것이 좋습니다. 또 비가 내리면 새로운 빗물이 유입되어 연못 내 물이 교체되기 쉬운 흐름이 되도록 하는 것이 중요합니다.

• 지형을 만들자

Q : 지형(예를 들어, 정원에 돌 · 흙 등을 쌓아서 산처럼 만든 곳과 움푹 팬 땅 등)에 따른 빗물의 활용방법은 있나요?

A : 조원 용어로 '지형에 기복을 만든다' 라고 하는데, 정원의 경관, 빗물의 배수방향을 고려하여 올록볼록(凹凸)하게 만들어 갑니다. 움푹 팬 땅에 침투성이 높은 재료를 사용하여 침투구역으로 만듦으로써 빗물의 유출억제와 지하수 배양[60]을 도와줍니다. 게다가 지형의 기복으로 햇볕이 잘 드는 양지와 음지, 건조지와 습지가 생겨서 다양한 식재환경을 형성합니다.

Q : 정원에서 빗물을 하수에 흘려보내지 않고 침투시키는 방법이 있나요?

A : 먼저, 녹피율(녹지피복률)[88]을 높이기 위해서 포장면적을 적게 하고 녹지를 많이 설치합니다. 포장이 필요한 장소에는 포장재 사이에 빗물을 침투시키는 줄눈을 설치하거나 침투성과 보수성이 높은 포장재를 사용하는 방법 등이 있습니다. 또 배수설비(배수통이나 배수관 등)에도 침투성이 높은 소재를 사용하는 방법이 있습니다.

침투줄눈

• 빗물 소리를 즐기자

Q : 빗물 소리를 즐기는 장치가 있나요?

A : 다실에 딸린 손씻는 물(手水) 역자주 : 절, 신사 등에서 참배하기 전에, 또는 다실 등에서 차를 마시기 전에 손을 씻어 몸과 마음을 가라앉히고 깨끗이 하는데 쓰는 물 의 배수 시, 물방울 소리를 거문고 소리로 비유한 '스이킨쿠츠(水琴窟) 역자주 : 땅속에 물항아리를 묻고 그 수면에 물방울을 떨어뜨려 나는 미묘한 소리를 즐기는 악기와 같은 장치' 나 손씻는 물에 물을 흘려보내는 '시시오도시(鹿威し) 역자주 : 대나무통의 구멍을 통하여 물을 주입하는 장치, 졸졸 소리가 난다.' 등은 빗물 소리를 즐기는 전통적인 정원설비입니다.

배수장치를 겸한 '스이킨구츠' p.54

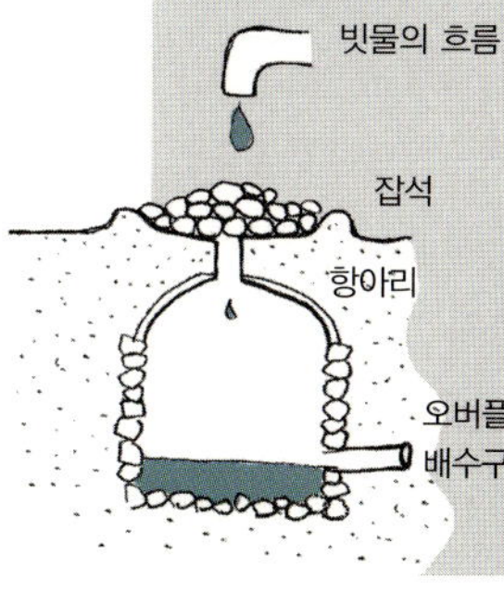

3.1.4 빗물 비오톱

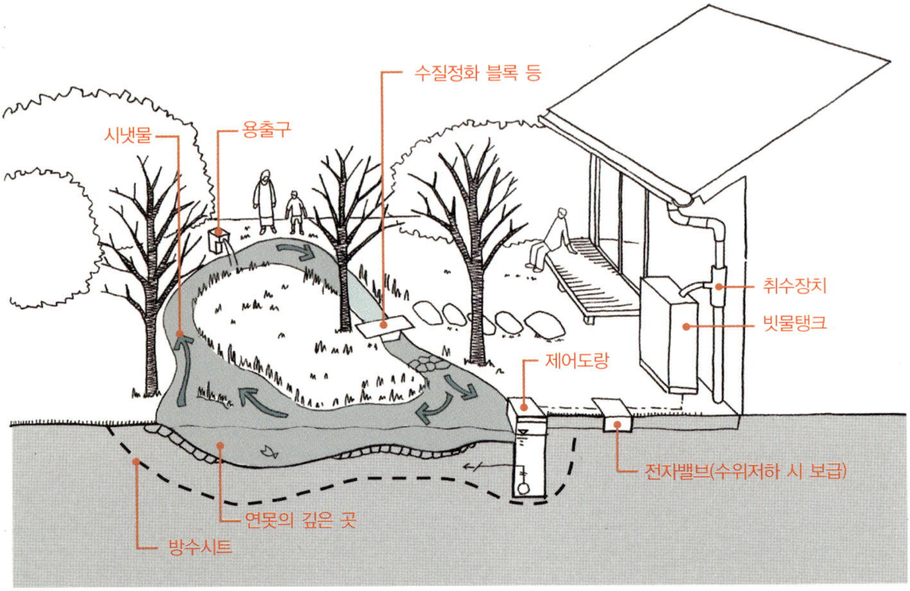

빗물 비오톱의 설치는 빗물의 혜택을 잘 활용할 수 있는 방법입니다. 비오톱은 본래 다양한 생물이 공생하는 환경을 만드는 것이 주목적이므로 미생물을 비롯한 작은 생물에게 좋지 않은 영향을 주는 염소가 들어 있는 수돗물은 바람직하지 않습니다. 따라서 천연 증류수인 빗물은 비오톱에 바람직한 수자원이 됩니다.

□정우(整雨) 레벨

지붕으로부터 모은 빗물은 내리기 시작하는 단계에서부터 지붕의 모래 섞인 먼지 등이 들어가 버립니다. 따라서 모래가 쌓이는 것을 방지하고 유지관리를 쉽게 하기 위해 쓰레기 등을 제거할 수 있는 취수장치를 선홈통에 설치하는 것을 권장합니다. 이 단계는 '정우 레벨II'가 됩니다.

□계획 · 공사 시의 주의점

빗물 비오톱

일반주택은 지붕으로부터의 연간 유입량의 약 1%를 기준으로 합니다. 예를 들어, 연간 강수량을 1,500mm, 지붕면적을 50m^2, 집수율 (빗물저장조에 유입하는 비율)을 70%로 하면, 약 525L가 됩니다. 배관 등이 방수시트를 통과할 경우에는 방수처리가 중요합니다. 모세관현상이 일어나 물을 흡수하므로, 연못 등의 흙과 물가의 흙이 접촉하지 않도록 주의해야 합니다.

□이용 시나 유지관리의 주의점

기기류의 점검에서는 선홈통에 설치하는 취수장치가 쓰레기로 막히는 것을 점검(특히 큰비가 온 뒤)하는 것과 펌프의 정기점검(연 1회)이 필요합니다. 청소는 떠있는 표류물을 제거하는 정기청소(월 1회 정도, 단 낙엽이 떨어지는 시기는 6개월마다)와 연못 등에 쌓이는 흙의 밑바닥 청소(연 1회 정도)가 필요합니다.

Q : 비오톱의 기본구조는 무엇인가요?

A : 풀과 나무로 둘러싸인 연못이나 얕은 여울을 만들 때에는 바닥과 측면을 콘크리트가 아닌 점토질로 확고히 다지고, 천연광물계(벤토나이트(bentonite) 등)의 방수시트를 깔고 그 위에 흙을 씌우는 방법이 바람직한 구조입니다. 흙으로 연못 바닥 등을 다지는 방법이 가장 자연환경에 가깝지만, 흙의 안정에 상당히 시간이 걸리고 어느 정도의 누수를 감수해야 합니다.

Q : 지붕에서 빗물을 모으는 방법 이외에 어떤 방법이 있나요?

A : 정원에 내린 빗물을 모아서 직접 연못 등에 흘러가게 하는 방법도 있습니다. 단, 지면을 거친 빗물이기 때문에 지붕빗물 이상으로 토사를 확실히 제거하는 장치와 그 유지관리가 필요합니다. 따라서 토사가 적고 쓰레기 제거가 쉬운 지붕빗물이 이용하기 좋습니다.

Q : 비가 내리지 않으면 어떻게 하나요?

A : 연못이나 흐르는 물이 바싹 마르면 비오톱에 서식하는 생물이 사멸할 수 있습니다. 저장한 빗물만으로 채워넣을 수 없을 경우에는 수돗물과 우물물을 공급합니다. 단, 수돗물에는 잔류 염소[37]가 있으므로, 먼저 빗물저장탱크에 급수한 후 자갈과 모래를 채워넣은 통 등에 통과시켜서 염소를 제거한 후에 보급합니다.

Q : 물이 탁해지거나 녹조류가 발생하지 않나요?

A : 큰비가 온 뒤에 일시적으로 흐려질 수 있지만 점차 안정됩니다. 녹조류 발생 방지대책으로는 펌프로 물을 순환시켜 수류가 물 전체에 전달되도록 얕은 연못이나 여울의 형태로 하는 것이 중요합니다. 녹조류가 대량으로 발생하면 수중의 용존산소[85]를 대량으로 소비하여 수중생물에게 좋지 않은 영향을 줍니다. 또 비오톱에서는 수생식물과 조류를 먹이로 하는 생물, 유기물을 분해하는 미생물 등을 이용한 수질정화를 하는 것이 좋습니다.

Q : 빗물 비오톱에서 중요한 것은 무엇인가요?

A : 물가에는 원예종[13]뿐만이 아니라 산과 들의 풀을 심어서 자연환경에 가까운 상태를 만듭니다. 이러한 식물을 선택할 경우에는 너무 크지 않고 바람으로 종자가 살포되지 않으며 번식력이 강하지 않는 것 등을 선택하면 관리도 비교적 간단해집니다. 또 수생식물은 수질정화를 촉진시키고 수중 서식 생물을 번식시킵니다. 식물과 돌 등으로 작은 수중생물의 서식처를 만들고, 물의 흐름과 낙수(落水)로 자연스럽게 산소가 녹아들어 가도록 하는 것도 중요합니다.

Q : 생물은 자연스럽게 모여드나요?

A : 기본적인 환경이 갖추어지면 곤충류나 조류(藻類)가 모입니다. 쉽게 구할 수 있는 송사리류는 장구벌레(모기의 유충)나 조류를 먹이로 하므로 초기에 많이 넣어주는 것이 좋습니다.

Q : 제어통의 기본구조는 무엇인가요?

A : 입구가 큰 제어통이 유지관리하기 좋습니다. 단, 제어통 밑바닥에 흙과 낙엽이 쌓이기 쉬우므로 유입구는 상등수만 들어가도록 둑을 만들거나, 그물 등으로 낙엽이 들어가지 않도록 해야 합니다.

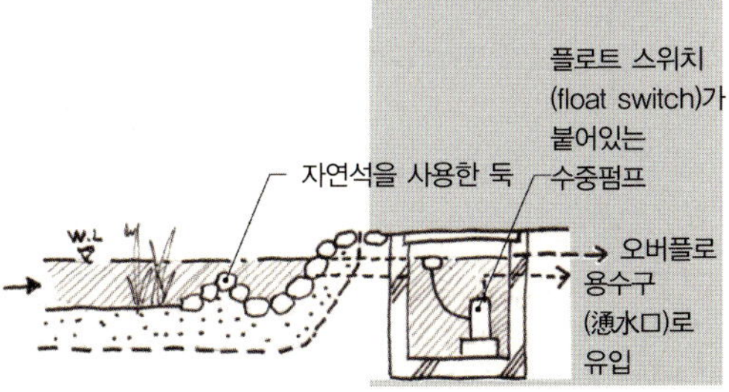

3.1.5 세정

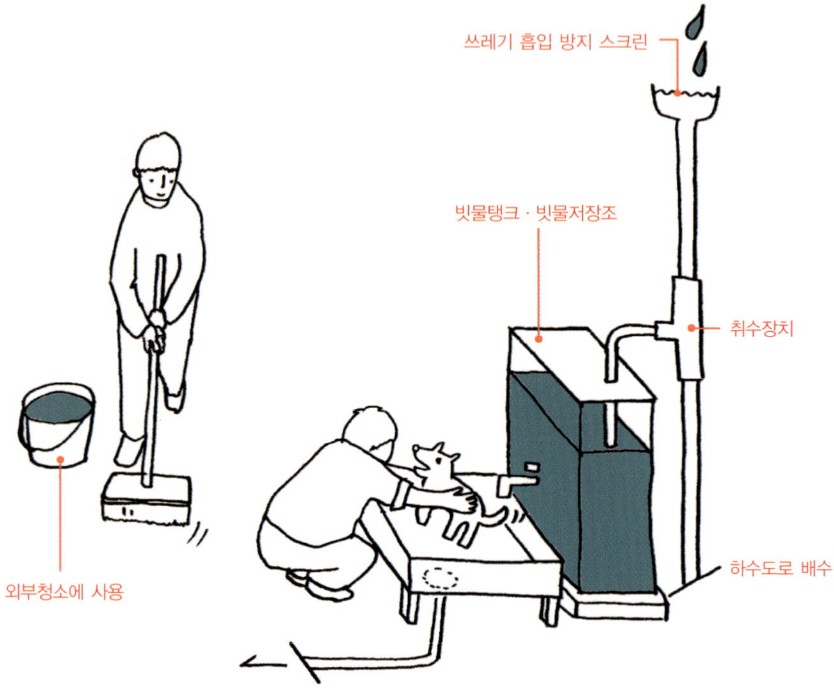

우리가 일상생활에서 손쉽게 빗물을 사용할 수 있는 것이 '세정' 입니다. 진흙을 떨어내거나 빈병과 캔 등을 헹구는 등의 행위에 모아둔 빗물을 손쉽게 사용할 수 있습니다. 또 세탁 전의 '애벌빨래' 로도 유용하게 빗물을 이용할 수 있습니다.

□정우(整雨) 레벨

진흙 등을 떨어내기 위해서는 '정우 레벨 I～II' 로 사용할 수 있습니다. 또 세차 시에 미립자가 들어가지 않게 하려면 '정우 레벨 III' 으로 씻는 것이 좋습니다.

□계획 · 공사 시의 주의점

옥외에서 씻는 경우에는 하수도에 배수할 수 있는 곳에 씻는 곳을 마련합니다. 또 세차를 하는 경우에는 기름성분 등이 흘러들어갈 수 있으므로 '오일 트랩' 을 설치합니다.

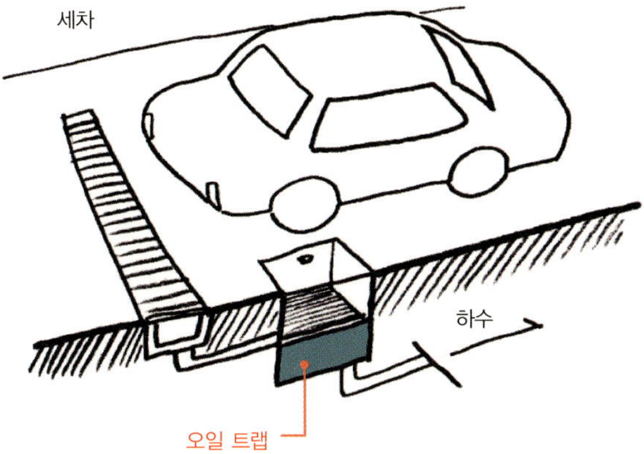

□이용 시나 유지관리의 주의점

세제를 사용한 후 또는 배수에 화학물질이 들어간 경우, 환경을 배려하여 세정 후의 배수는 반드시 하수도로 흘려보냅니다.

Q & A

Q : 무엇을 씻을 수 있나요?

A : 간단한 더러움, 진흙 등은 빗물을 적극적으로 활용해 봅시다!

Q : 빗물세탁에 세제를 사용해도 되나요?

A : 진흙을 떨어내는 정도는 빗물만으로 제거할 수 있습니다. 경우에 따라 세제를 약간 사용하여 더욱 깨끗하게 때를 제거할 수 있습니다. 빗물을 사용하면 거품이 잘 일어나므로 세제의 양을 줄여서 사용할 수 있습니다.

Q : 주의점은 무엇인가요?

A : 배수에 주의합니다. 세제를 사용해서 씻었을 경우의 배수는 반드시 하수도에 버려 주십시오. 그러나 단지 농기구 등의 진흙을 떨어내는 정도라면 세제를 사용하지 않는 것이 좋습니다. 또 배수가 토양을 오염시키지 않는다면 세정에 사용한 빗물은 대지에 되돌려 주는 것(침투시키는 것)이 좋습니다.

Q : 빗물로 세차를 해도 되나요?

A : 물론, 빗물로 세차할 수 있습니다. 세차 시 차에 부착된 먼지나 분진 등은 정성스럽게 씻고 부드러운 천 등으로 상처가

나지 않도록 해주십시오. 차에 상처가 나지 않도록 하려면 미리 상처가 나지 않는지 확인해 보거나, 혹은 미립자가 없는 '정우 레벨 III' 으로 하면 좋습니다.

『신 군과 독일인 당케 씨의 세차 대화』

신 : 최근에는 마치 양동이를 뒤집어 엎은 것처럼 큰비가 오는군. 이것도 이상기후 현상일까?

당케 : 독일에서는 이렇게 큰 비가 오는 것을 본 적이 없어. 빗물이 가득 모여서 기쁘군!

신 : 이렇게 큰 비가 오면 일석이조로 세차하면 좋지 않을까?

당케 : 뭐? 빗물로 세차를 한다고?

신 : 그럼. 빗물로 차가 번쩍번쩍해지기 때문에 깜짝 놀라지!! 공짜잖아!

당케 : 잠깐, 그건 안돼!

신 : 왜? 물 절약, 세제 절약, 게다가 깨끗해지는데도!?

당케 : 독일은 전문세차장에 맡기는 것이 일반적이야!

신 : 그래? 일본에서는 자주 집 앞에서 세차하는데?

당 : 환경을 배려해야지! 세차한 배수에는 다양한 오염 물질이 포함되어 있으니 그런 것을 그대로 흘려보내면 안돼.

신 : 그렇군! 세차배수는 반드시 하수도에 버려야겠네. 비가 올 때 세차하면 즐겁지. 더구나 더운 날이면 세차하면서 몸도 씻을 수 있고!

3.1.6 화장실

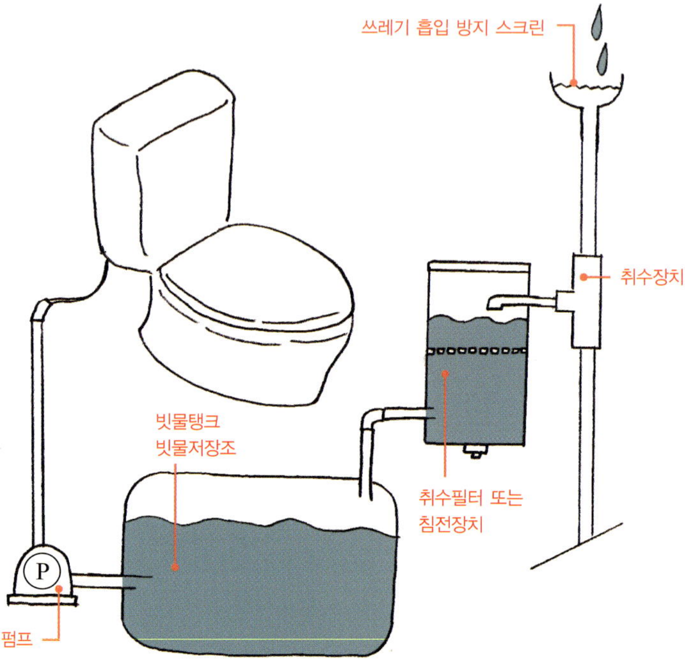

화장실용수로도 빗물을 활용할 수 있습니다. 많은 에너지를 사용하여 처리된 '수돗물' 을 화장실에 흘려보내는 것은 정말로 '아깝습니다'. 빗물을 이용하면 수돗물이 절약됩니다. 수돗물 절약은 수돗물에 사용되는 에너지 소비의 감소, CO_2 배출억제에 도움이 됩니다. 최근에는 스포츠시설과 공공시설, 상업시설, 공원 등 이용자가 많은 시설의 화장실에 빗물을 이용하고 있는 예가 늘어나고 있습니다.

□정우(整雨) 레벨

화장실용수에는 진흙과 모래 등을 포함하지 않은 '정우 레벨 Ⅲ' 의 빗물을 사용합니다. 밸브의 막힘 등 화장실 기기에의 영향을 고려할 경우는 '정우 레벨 Ⅳ' 의 빗물을 사용합니다. 법령 등으로 특별히 지정된 경우를 제외한 화장실용수에 제균(세균 제거 또는 살균)을 한 빗물을 사용하는 것은 '아까우므로' 권장하지 않습니다.

□계획 · 공사 시의 주의점

사용하는 사람수, 변기세정 수량 등으로부터 필요한 빗물의 저장량을 시산합니다. 빗물이 부족하여 수돗물을 보충할 때, 수도관과 빗물관이 직접 접속(크로스 커넥션)되지 않도록 주의해야 합니다. (크로스 커넥션*1 [23]금지, 토수구 공간*2 [68]의 확보).

빗물활용을 하는 변기는 있지만, 아직 일반화되지 않아서 수돗물용 변기를 사용합니다. 주의사항은 다음과 같습니다.

- 변기 세척용수에는 빗물, 온수세정 변기(비데)에는 수돗물로 하는 배관이 가능한가?
- 유지관리는 간단한가?
- 변기기능을 확보하기 위한 최저 필요수압은 충분한가?

□이용 시나 유지관리의 주의점

계절과 주변상황에 따라 빗물의 수질은 변화합니다. '정우 레벨 Ⅲ' 을 유지하지 않으면 변기배관 등에 좋지 않은 영향을 줄 수 있습니다. 변기의 밸브 막힘과 예기치 못한 고장을 방지하기 위해서는 사용 설명서에 따라 정기적인 시스템의 유지관리를 합니다. 또 빗물을 이용하는 경우에는 수돗물 사용 시보다 유지관리 빈도를 늘리는 것이 좋습니다.

[참고자료]
2002년, 사이타마 현 내의 가정(4인가족, 집수면적 30㎡, 8L세정, 변기 2곳, 빗물저장량 2t)에서 실시한 모니터링에서 1년간 변기에 사용할 물의 양 74.3t, 그중 56.1%(41.7t)에 빗물이 사용되었다는 결과가 나왔다.

*1 : 크로스 커넥션: 수도배관을 다른 배관과 직접 연결하는 것. 법령에 의해 금지된 행위

*2 : 탱크 등에 수돗물을 보급할 때, 수도관의 역류방지 목적으로 수면, 근접한 벽과 토수구 사이에 만든 공간을 말함. 법령에 의해 확보공간과 거리가 정해져 있음.

Q & A

Q : 다양한 종류의 변기가 있는데, 무엇이든 이용할 수 있나요? 또 설치 후 주의점은 무엇인가요?

A : 변기는 다양한 종류가 있지만, 기본적으로 빗물을 수도압 정도로 변기에 송수할 수 있으면 어떤 타입의 변기에도 이용할 수 있습니다. 단, 변기의 종류에 따라 필요한 수압과 유량이 다르므로 계획 시에 반드시 확인해 둡니다. 또 온수세정용 변기의 배관과 세정수 배관을 별도로 할 수 없거나 물탱크에 손씻는 기능이 부착되어 있는 변기(직접 피부접촉 가능성이 있는 경우)는 사용할 수 없습니다. 설치 후에는 '정기적인 유지관리'가 필요합니다. 변기의 유지관리라면 '변기 청소?' 라고 생각하기 쉬운데, 단지 청소뿐만 아니라 변기의 사용 설명서에 점검 · 청소 등을 해야 하는 부분이 나와 있습니다. 그러므로 사용 설명서에 따라 반드시 정기적인 유지관리를 합니다. 특히, 빗물을 이용할 때는 수돗물을 사용하는 경우보다도 유지관리 빈도를 높이는 것을 권장합니다.

탱크레스 변기 (tankless) 로 탱크 변기 (low-tank) 하이탱크 변기 (high-tank)

Q : 빗물은 절수 변기에도 사용할 수 있나요?

A : 물론입니다. 빗물은 귀중한 수자원이므로 소중하게 사용합시다. 최근에서는 4L 정도로도 사용할 수 있는 절수형 기종도 개발되고 있습니다.

Q : 온수세정 변기(비데가 부착되어 있는 변기, 샤워 화장실 등)에 빗물은 사용할 수 있나요?

A : 기본적으로는 사용할 수 없습니다. 피부에 접촉하기 때문에 법적으로 수돗물을 사용하도록 되어 있습니다. 단, 정우 레벨을 올려 살균처리를 한 빗물이라면 이용하는 것도 가능합니다. 현 단계에서는 온수세정 변기(비데)에는 수돗물을 사용하고 변기세척용수에는 빗물을 사용합니다.

Q : 화장실에 빗물을 이용하기 위해서는 반드시 전동펌프가 필요한가요?

A : 빗물탱크를 변기로부터 7~8m 이상의 높이에 설치하면, 이론상 변기에 필요한 최저 수압을 얻을 수 있습니다. 단, 변기의 종류에 따라 이 고저차로 생기는 수압과 유량으로는 사용할 수 없는 종류도 있으므로 주의하십시오. 펌프의 선정과 시스템 전체의 계획 시, 변기의 최저 필요수압과 유량을 미리 확인해두는 것이 중요합니다.

3.2.6 '펌프' 참조

Q : 빗물 화장실 역자주 : 빗물을 변기 세척용수로 사용하는 화장실 은 하수도가 없는 곳에서도 사용할 수 있나요?

A : 빗물 화장실 배수는 합병 정화조로 들어갑니다. 혹은 토양정화법 등에 따라 침투시켜서 처리할 수 있습니다. 단, 토양의 침투에 관해서는 규제가 있으므로 미리 확인해야 합니다.

Q : 전기나 수돗물이 안 나와도 빗물 화장실은 사용할 수 있나요?

A : 빗물을 모아두면 수돗물이 안 나와도 사용할 수 있습니다. 빗물을 이용해서 직접 화장실에 사용할 수 있습니다. 또 태양광 발전 등의 비상용 전원을 같이 준비해두면 '방재 대비용' 으로의 역할도 부가됩니다.

3.1.7 온방(溫房) · 양방(涼房)

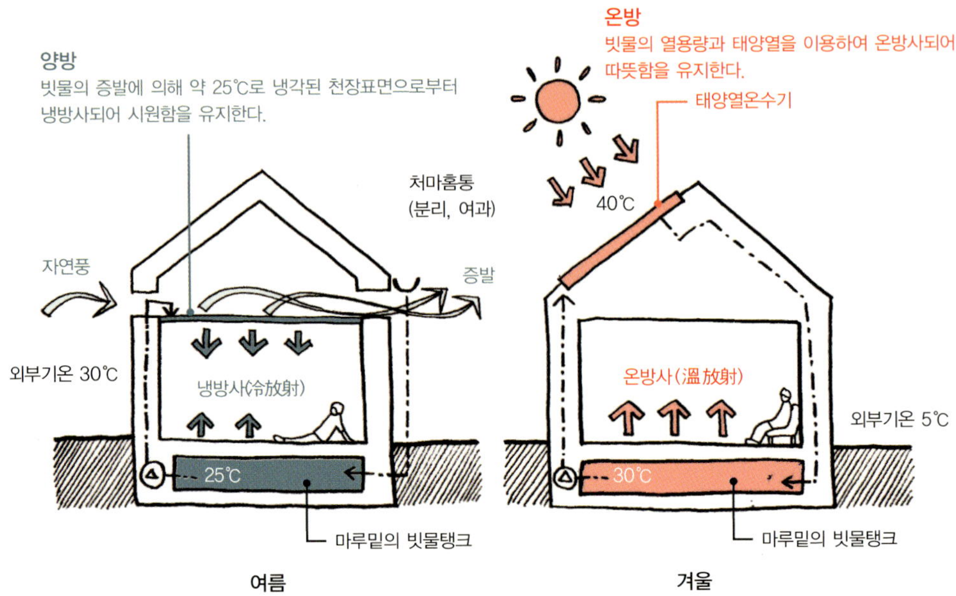

빗물을 건물에 저장하여 물의 열용량을 이용해서 실온의 변화를 조절할 수 있습니다. 또 빗물의 증발 냉각효과를 활용함으로써 시원하게 할 수도 있습니다. 집안에 빗물을 활용한 '온방 · 양방'의 구조를 잘 접목시키면, 빗물을 모으면서 더욱 쾌적한 주거환경을 만들어 낼 수 있습니다.

□정우(整雨) 레벨

온방 · 양방에는 진흙과 모래 등을 포함하지 않는 '정우 레벨 Ⅲ' 의 빗물을 이용합니다. 특수한 배관과 설비기기를 손상시키지 않는다면 굳이 '정우 레벨 Ⅳ' 로 할 필요는 없습니다.

□계획 · 공사 시의 주의점

빗물을 온방 · 양방에 이용함으로써 에너지 사용량을 줄일 수 있습니다. 계획 · 공사 시에 배관과 설비기기를 선택할 때, 필요없는 에너지를 낭비하지 않도록 주의합니다.

온방에 사용할 때의 배관과 설비기기는 내열(耐熱)용을 선택할 필요가 있습니다. 특히 태양열로 가열된 물은 경우에 따라서 100℃ 정도가 되는 경우도 있어 주의해야 합니다.

증발 냉각에 의존하는 양방을 사용할 때는 강우가 적을 때를 고려하여 수돗물을 공급하는 구조가 필요한 경우도 있습니다.

□이용 시나 유지관리의 주의점

스트레이너(strainer), 필터 등을 정기적으로 점검, 청소, 교환을 합니다. 빗물은 공기에 접촉하지 않게 보관하면 좋은 수질이 유지되므로, 물탱크 뚜껑이 열려서 공기에 개방되지 않도록 하는 점검이 필요합니다. 증발하면서 수량이 자연스럽게 줄어들기 때문에 수량의 체크도 필요합니다.

Q : 빗물을 활용해서 실온을 조절할 수 있나요?

A : 빗물 증발에 의한 냉각효과로 여름을 시원하게 보낼 수 있습니다.

예를 들어, 차열(遮熱)[39], 단열[57]을 잘한 지붕 밑에서 빗물을 증발시키면, 실내온도를 떨어뜨리는 효과가 확실합니다. 그러나 실내의 습기가 증가하면 온도가 내려가도 쾌적하지 않습니다. 따라서 여름에만 외기를 통과할 수 있게 천장과 지붕 사이를 개방하고, 그 구조로 빗물을 증발시켜 실내에 습기가 들어오지 않도록 합니다. 이 구조의 효율성을 높이려면 단열 등 건물 전체에 대한 다양한 아이디어가 필요합니다. 그 조건이 구비되면 에어컨 냉방과 달리, 천장으로부터의 방사효과를 활용하는 형식이므로 간토(關東)지역에서는 여름에 활짝 창문을 연 상태로도 실온이 약 30℃를 웃돌지 않는다는 자료도 있습니다.

빗물의 열용량을 활용하여 겨울을 따뜻하게 보낼 수도 있습니다. 건물 내에 2~4톤의 빗물을 마루 밑의 빗물탱크에 모아두고 그 물을 지붕 위에서 겨울 햇살로 따뜻하게 하여 다시 빗물탱크로 보냅니다. 물은 열용량이 높으므로 낮에 축적한 열을 다음 날까지 저장해줍니다. 따라서 겨울에도 이 방법으로 건물 전체가 약 15℃를 밑돌지 않게 할 수 있습니다. 추운 날은 스토브로 온도를 올리거나 부분적으로 난방기구를 사용하는 등의 조치로 겨울을 따뜻하게 지낼 수 있습니다.

Q : 목조주택은 실온변동을 억제할 수 있나요?

A : 일본의 일반주택은 대부분 목조입니다. 단열이 잘 되어 있는 목조주택이라면 그 건물에 빗물을 저장하고 있는 것만으로 실온의 변동을 억제할 수 있습니다. 여름에는 실온이 상승하기 어렵고 겨울에는 실온이 내려가기 어렵게 할 수 있습니다. 왜냐하면, 물은 같은 체적으로 비교하면 나무의 약 4배, 콘크리트의 약 2배라는 온도변화를 억제하는 힘(열용량)을 가지고 있기 때문입니다. 목조와 같이 그 자체의 열용량이 낮은 건물에 열용량이 높은 빗물을 저장하면, 실온의 변화가 적어서 안정된 온열환경을 얻을 수 있습니다. 예를들어 단열이 잘된 목조주택에서 어느 정도 실온변동이 억제될수 있는지를 6톤의 빗물이 저장된 주택과 저장되어 있지 않은 주택으로 비교 실험을 했습니다. 빗물이 저장되어 있는 집에서는 저장되어 있지 않은 집과 비교해 밤낮의 온도변화가 적었습니다. 이 결과로부터 건물에 빗물을 저장함으로써 실온변동을 억제하는 효과가 있는 것을 알 수 있습니다.

고단열 목조주택의 빗물저장 축열효과

(2월의 표준적인 외부기온 변동을 기준으로 난방을 하지 않을 경우)

(주)아키텍터도시 건축설계실

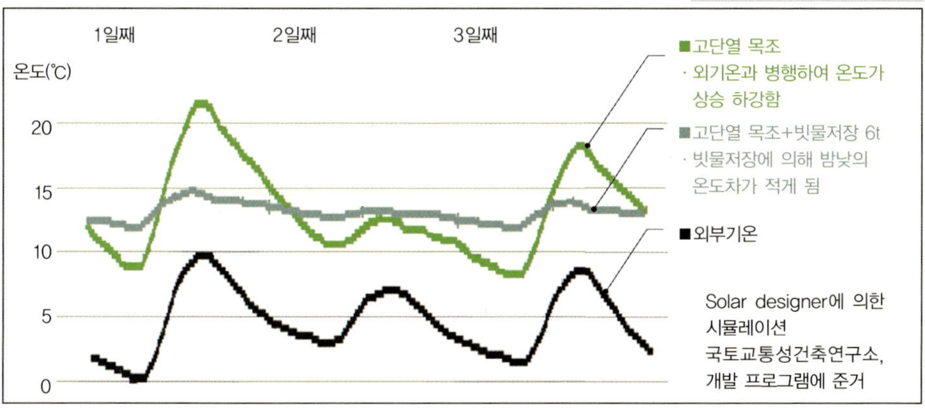

3.1.8 비축용수

큰 자연재해가 일어나면 수돗물이 각 지역에서 끊기고 화재가 일어나 소방차가 도착해도 전부 진화할 수 없는 사태가 발생합니다. 1995년 한신대지진 때는 대피소에 마실 물이 없고 화장실용수와 세탁용수가 없어서 큰 문제였습니다. 수도관 복구작업은 땅속에 매설되어 있어서 완전히 복구할 때까지 오랜 시간이 걸렸습니다. 이러한 경험에 의해 각 지역에서는 강물과 우물물을 비상용수로 추진하고 있지만, 빗물은 지형의 제약을 받지 않고 이물질 · 오염물질이 들어가는 것을 막기 쉽다는 점이 강물과 우물물보다도 뛰어난 장점입니다.

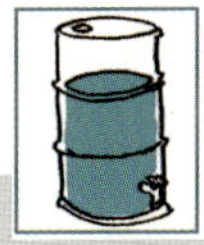

□정우(整雨) 레벨

'정우(整雨) 레벨 Ⅲ' 으로 해두면 비축 빗물의 용도가 넓어집니다. 중공사막(hollow fiber membrane) · 역삼투막(RO막) 정수기를 사용하거나 끓여서 쉽게 음용수로도 이용 가능합니다.

□계획 · 공사 시의 주의점

대규모 재해 시에는 정전이 되므로 수동펌프 등 수동으로 빗물을 퍼 올릴 수 있는 장치가 필요합니다. 신축 시에 빗물저장조를 설치할 경우는 호우대책으로 1/3, 일상용으로 1/3, 비상용수로 1/3의 용량으로 각각 설계하고, 용량의 2/3를 항상 저장해두면 좋습니다. 전체 용량의 1/3은 집중호우가 왔을 때에 빗물을 일시적으로 저장할 수 있도록 평상시에는 비워둡니다. 또 외부에서 취수할 수 있게 설계하면 지역의 방화수조로도 사용할 수 있습니다. 지나치게 장기간 동안 빗물이 체류하지 않고 항상 빗물을 이용할 수 있도록 설계 · 공사하도록 합니다.

1/3
1/3
1/3

호우대책
일상이용
비상용수

□이용 시나 유지관리의 주의점

만약의 경우에 대비하여 평소부터 다양한 용도로 사용하면서 유지관리합니다. 또 단수에 대비한 수량을 확보하는 것도 중요합니다.

*1 : 약 2.7t/月(2인 가족의 평균 수돗물 사용량: 16.7㎥×세탁사용률: 17%)
출전 : 도쿄도수도국 '물을 소중히 하는 습관'

Q : 빗물은 비상시의 생활용수로 사용할 수 있나요?

A : 빗물은 화장실 용수, 세면, 세탁용수, 식기의 세정수로 사용할 수 있습니다. 비상시 급수량에는 제한이 있기 때문에 빗물을 세탁용수로 사용하는 것은 유용합니다. 보통, 세탁에는 2인 가족 기준으로 약 2.7톤/월이 필요하므로*1, 개인주택이라도 3~4톤, 100가구가 모이는 대피소에는 300~400톤의 빗물저장조가 필요합니다. 대규모 재해 시에는 정전이 되므로 수동펌프 등의 인력으로 빗물을 사용할 수 있도록 할 필요도 있습니다.

Q : 비상시에 빗물을 마시려면 어떻게 하면 좋을까요?

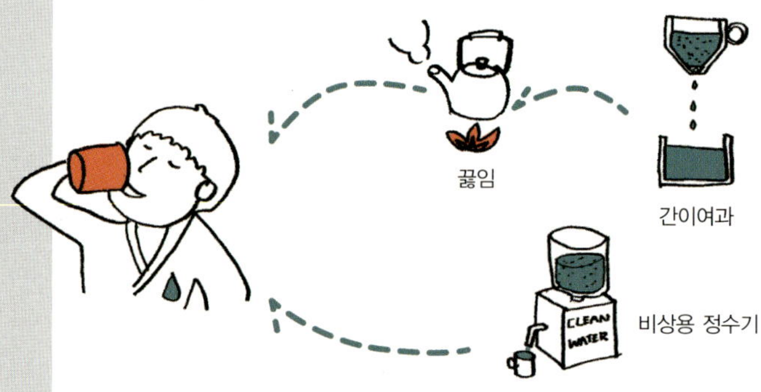

A : 왼쪽그림과 같이 NPO 빗물시민모임의 히토미 다쓰오(人見達雄)씨는 페트병 입구에 티슈를 채워서 사용하는 간이정수기를 제안하고 있습니다. 빗물도 목욕물도 간이정수기로 정화해서 대규모 재해 시에 활용하자는 것입니다.

Q : 빗물은 소화용수로도 사용할 수 있나요?

A : 예부터 빗물을 소화활동에 사용하고 있었습니다. 모아두면 어디서나 이용할 수 있는 초기 소화용수가 됩니다. 빗물저장조를 설치하면 지역의 소화용수로 이용할 수 있습니다. 그 경우 행정기관에서 재정적 지원을 얻을 수도 있습니다.

『신군 형제의 전 세계 물부족 대화』

동생 : 형, 앞으로 물 때문에 전쟁이 일어날지도 모른다는데 정말이야?

형 : 응, 그래. 너도 학교에서 배우겠지만, 지구 온난화 현상으로 물 부족과 홍수가 이제부터 더욱 심각해진다고 해.

동생 : 물 부족으로 전쟁이 일어난다니, 그럴 수 있을까?

형 : 전 세계적으로 가뭄이 심하다는 뉴스가 있지. 그러면 물도 먹을 것도 없어지는 거야. 물 때문에 사람들이 서로 빼앗고 전쟁을 일으키고 난민도 늘어나는 거지.

동생 : 홍수도 늘어난다는데, 그건 왜 그래?

형 : 온난화가 심해질수록 물 부족과 홍수도 더욱 늘어난데. 그것이 그 예상대로 되어가고 있는 거지.

동생 : 음, 일본은 어떨까? 그러고 보니 올해 여름은 굉장히 더워서 비가 전혀 오지 않았는데.

형 : 그런데 이번에는 갑자기 큰비가 왔지. 게릴라 집중호우인 것 같아.

동생 : 그렇다면…… 일본도 같은 입장이네. 어떻게 하지?

형 : 그래서 우리집은 만약의 경우에 대비해서 빗물을 모으고 있는거야.

동생 : 그랬구나. 우리는 안심이네. 그렇다면 모두 같이 하면 좋을 텐데.

형 : 그렇지. 모두 같이 하면 홍수도 줄어들고 전쟁도 일어나지 않겠지.

동생 : 좋아! 그럼 나도 모두에게 가르쳐 줘야지!

3.1.9 세탁

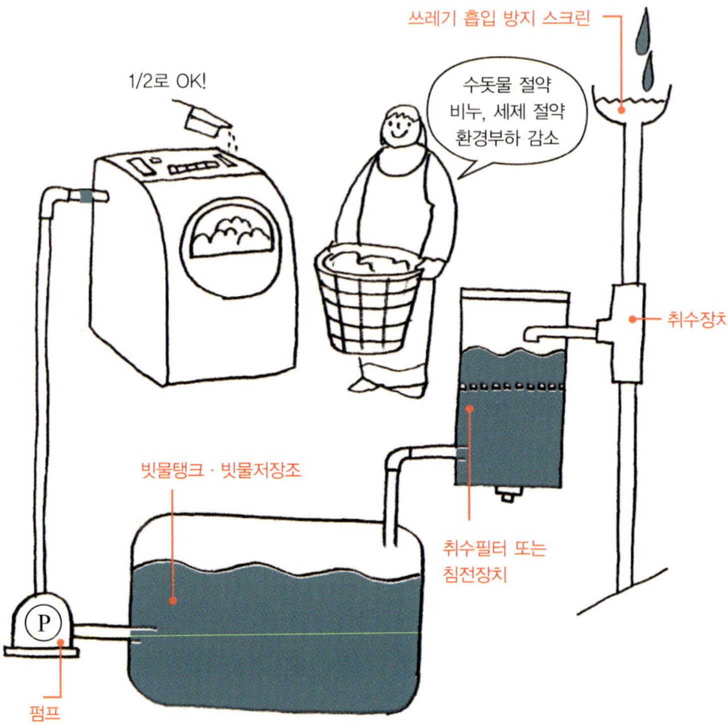

빗물은 수돗물에 비교해서 경도[32]가 낮은 (0~25mg/L) 연수[71]로 세제가 잘 녹고 비누때도 별로 나오지 않기 때문에 세탁에 적합합니다. 세탁하는 데 음용수 수질은 필요하지 않습니다. 또 연수인 빗물로 세탁을 하면 세제의 거품이 잘 나므로 사용량을 줄여 환경부하를 줄일 수 있습니다.

1. 수돗물의 절약
2. 비누등의 세제의 절약
3. 환경부하를 줄임

□정우(整雨) 레벨

세탁에는 진흙과 모래 등을 포함하지 않은 '정우 레벨 III' 이 최적입니다.

□계획 · 공사 시의 주의점

① 연수인 빗물의 경도가 높아지지 않도록 집우장치나 저장장치의 재질에 주의합니다. 물의 경도가 높으면 비누나 세제의 사용량이 늘어나므로 주의합니다.

② 세탁기나 세탁횟수별로 사용수량은 달라집니다. 지역과 계절별로 모아지는 빗물양이 다르므로 빗물만으로 부족할 경우 수돗물로 보충합니다.

□이용 시나 유지관리의 주의점

적정 사용량의 2/3~1/2 정도의 세제로 세탁을 합니다. 세탁방법과 세탁기 기종별로 세제의 적정량이 다르지만, 연수인 빗물을 사용할 경우 거품이 지나치게 생기지 않도록 세제의 양을 줄여주십시오.

거품발생 비교실험*1

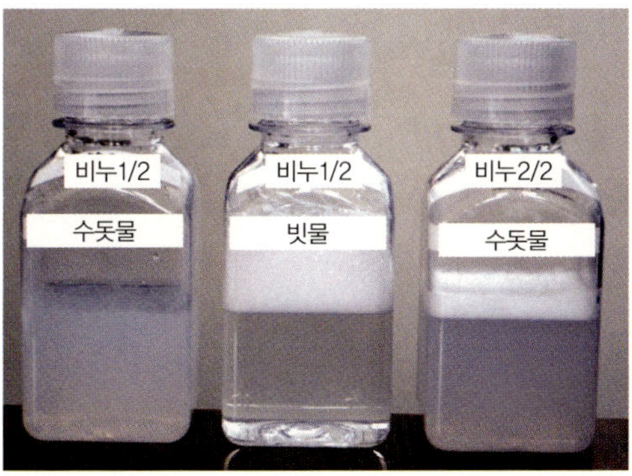

위 실험결과로 빗물이 수돗물에 비해 거품이 잘 생긴다는 것을 잘 알 수 있습니다.

*1 : 오른쪽은 수돗물(경도: 80mg/L)에 비누 A그램을 넣어 흔든 병. 중앙은 빗물(경도: 0mg/L)에 비누 A그램의 절반의 양을 넣어 흔든 병. 왼쪽은 수돗물에 비누 A그램의 절반의 양을 넣어 흔든 병

사진제공 : (유)롤리팝

Q & A

Q : 빗물로 세탁이 잘 되나요?

A : 빗물이 수돗물보다 때가 잘 빠집니다. 도쿄(東京) · 세제프로젝트에서 실시한 빗물과 수돗물에서의 세정력 비교실험*1에서는 빗물 세탁이 더 깨끗하다는 결과가 나와 있습니다.

*1 : 도쿄 · 세제프로젝트(2001) 「빗물이용을 위한 세정력 테스트」 오염된 천(지정된 오염물을 부착한 천), Tergo-O-Tometer(세정기), 백도계(오염률 제거를 측정), pH측정기 등을 이용하여, 빗물과 수돗물(경도를 일정하게 한 물)의 세정력 비교를 행한 실험

빗물과 수돗물의 세정력 비교*1

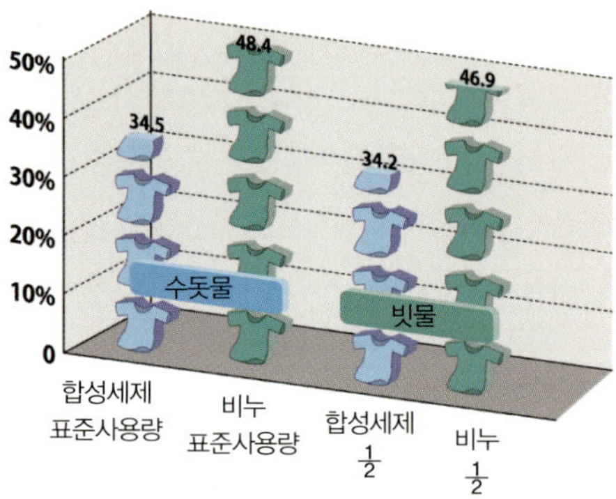

Q : 비가 산성이더라도 세탁에는 문제가 없나요?

A : 문제 없습니다. 비가 내려오는 과정에서 대기중의 이산화탄소를 포함하여 약산성이 되지만 일반적인 세제(알칼리성)를 사용하면 중화되므로, 비의 산성도는 문제되지 않습니다.

Q : 세탁에 목욕 후의 온수 역자주 : 일본은 오후로(お風呂)라고 하는 독특한 목욕문화가 있다. 온수를 욕조에 받아서 전신을 담그는 목욕을 하고, 같은 목욕물을 온가족이 함께 쓰고, 2~3일 정도는 같은 물을 다시 데워서 쓰기도 한다. 목욕 후 남는 온수량이 많아서 세탁에 이용하는 경우도 있다. 목욕 후 온수를 사용하는 세탁기도 출시되어 있다. 를 사용할 경우와 빗물을 사용할 경우, 어느 쪽이 친환경적인가요?

A : 둘 다 절수효과가 있지만, 연수인 빗물은 세제의 양을 줄여도 때가 잘 빠져서 세제절약을 할 수 있습니다. 목욕 후의 온수는 찬물과 비교하면 세탁효과가 좋습니다.

Q : 빗물로 세탁할 때 권장하는 세제가 있나요?

A : 환경(배수처리)을 생각하여 일반적으로 사용되는 '비누' (성분이 지방산나트륨, 지방산칼륨인 것)를 권장합니다. '비누' 성분은 합성세제에 비해 미생물로 단시간에 분해되므로 환경부하가 적습니다. 환경을 오염하는 합성세제를 더이상 사용하지 말고 세탁비누, 세탁용 분말비누나 쓰기 쉬운 액체비누를 사용해 봅시다.

Q : 빗물로 세탁을 하면 무엇이 좋을까요?

A : 예를 들어, 2인 가족을 기준으로 세탁에 사용하는 물의 50%를 빗물로 사용하면 월 약1.5톤의 수돗물을 절약할 수 있습니다 *2. 또 세탁용 세제를 1개월에 1회 구입하였던 것이 2개월에 1회 구입하게 되어 절반으로 줄어드는 셈이 됩니다. 빗물을 이용함으로써 지금까지 느끼지 못했던 물에 대한 '아깝다' 라고 하는 느낌과 지금까지 없었던 새로운 감각이 생기는 것 같습니다.

*2 : p.76, *1: 참조

Q : 빗물로 세탁을 하면 왜 환경에 좋을까요?

A : 빗물로 세탁을 했을 경우, 빗물은 수돗물과 비교해 경도가 낮으므로 세제의 사용량을 반으로 줄여도 세정력을 유지할 수 있습니다. 그림과 같이 일본 환경성이 '사람의 건강과 생태계에 유해할 수 있는 성분이 있는 것' 이라고 정한 '제1종 지정 화학물질' 의 대상물질에 합성세제 성분이 포함되어 있습니다. 빗물 세탁을 하면 이러한 화학물질의 배출량을 줄이게 되어 환경에 대한 부하를 줄일 수 있습니다. 이제부터 일상생활에서 비누로 '빗물세탁' 을 선택하시는 분들이 늘어나면 좋겠네요.

*3 : 환경성: 2008년도 PRTR 자료를 읽고 해석하기 위한 시민가이드북, p.42

2008년도 가정으로부터 배출된 물질의 비율: 5만6천톤/년 *3

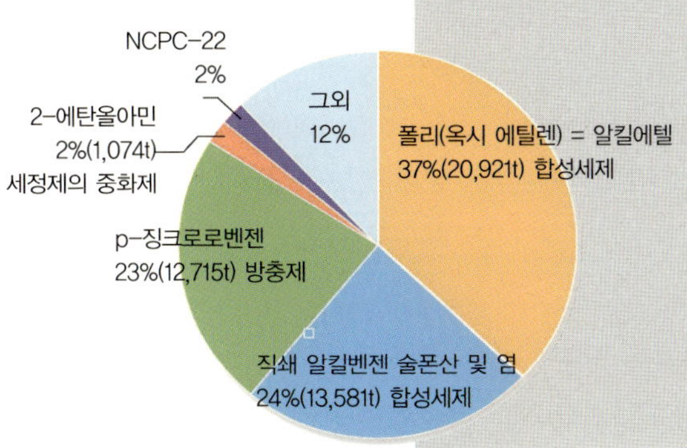

3.1.10 목욕 · 샤워

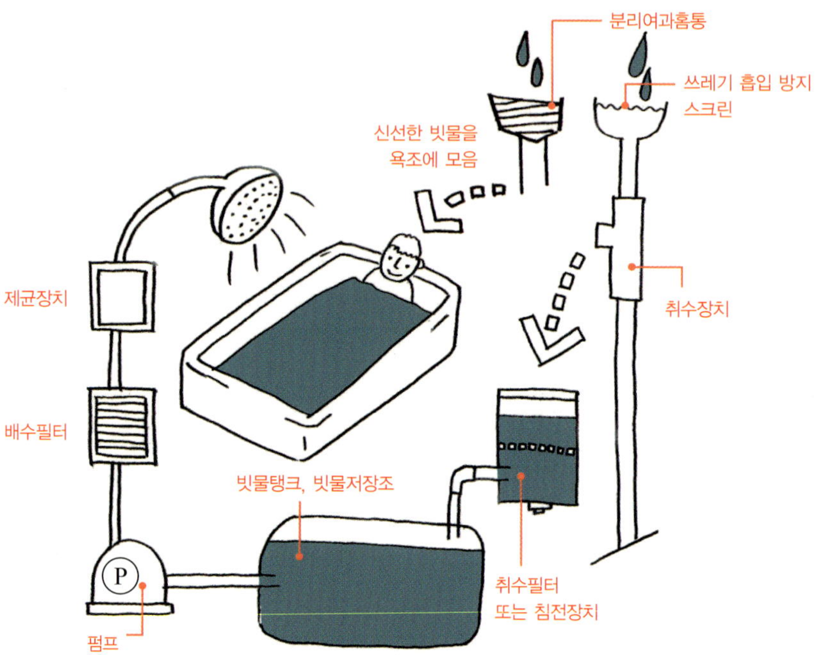

목욕물에는 빗물이 적합합니다. 즉, 빗물은 연수이므로 수돗물을 이용한 목욕에 비해 부드러운 질감의 입욕이 가능합니다. 염소가 없는 것도 장점으로 들 수 있습니다.

단, 연간 빗물수집량이, 예를 들어 주택이라면 지붕 크기와 빗물탱크 크기의 한계로 인해 매일 목욕에 사용하기에는 부족할 수 있습니다. 그리고 인체의 피부에 직접 접촉하므로 위생적인 면을 신경써야 합니다.

□정우(整雨) 레벨

일본건축학회 빗물활용건축 가이드라인에 따라 인체의 피부에 접촉하는 용도이므로 '정우 레벨 IV'로 하여 막처리 등으로 제균처리를 해야 합니다.

□계획 · 공사 시의 주의점

집우면적을 크게 확보할 것인지, 목욕에 사용하는 빈도는 몇 번 정도로 할지, 부족할 경우 수돗물로 보충할지 등에 따라 빗물양과 목욕수량의 관계를 계획할 필요가 있습니다. 예를 들어, 50m²의 지붕면적을 가진 주택의 경우, 도쿄라면 연간 약 75m³의 빗물이 모아집니다. 이를 모두 목욕용수로 한다면 욕조의 용량이 300L의 경우에 200회분이 됩니다. 정우 레벨을 높이려면 필터를 사용하는 방법, 깨끗한 빗물을 모으는 방법, 빗물을 오래 저장하지 않고 신선할 때 사용하는 등의 생활의 아이디어가 중요합니다.

□이용 시나 유지관리의 주의점

빗물 목욕을 하시는 분은 그 부드러운 물의 느낌이 아주 좋다고 합니다. 하지만 항상 물의 색 변화와 냄새에 주의하고, 이상이 없는지를 체크하면서 이용하도록 합니다.

Q : 목욕용수는 어느 정도의 빗물탱크 용량이 좋을까요?

A : 시판되는 빗물탱크는 200L 정도가 많은데, 매일 목욕할 만한 충분한 양이 되지 않습니다. 먼저 탱크의 용량을 확인해 보십시오. 그리고나서 깨끗한 빗물만을 모을 수 있는 구조인지 체크해 보십시오. 빗물탱크의 수면이 공기에 개방되어 있지 않은 것이 좋습니다. 깨끗한 빗물만 모으는 구조로 장시간 담아놓지 않은 신선한 빗물을 활용하며, 적절한 필터를 사용하는 등의 다양한 아이디어와 시도로 빗물활용을 실현했으면 합니다.

Q : 구체적으로 어떤 아이디어가 있나요?

A : 한가지 예로 큰비가 온 후의 다음날이 맑게 개인 날만 따뜻한 빗물로 욕조를 채우는 것을 기본방침으로 하는 분이 계십니다. 이렇게 하면 항상 신선한 빗물을 활용할 수 있습니다. 맑은 날에는 태양열 온수기로 빗물을 따뜻하게 하여 이용하므로 화석연료를 사용하지 않고 목욕을 하는 셈입니다.

Q : 빗물을 사용하면 욕조가 쉽게 더러워지지 않나요?

A : 빗물은 연수이기 때문에 욕조가 쉽게 더러워지지 않는 성질이 있습니다. 그 성질을 최대한 활용하기 위해서는 초기 빗물 제거 시에 쓰레기, 기름막, 생물피막 등이 들어가지 않도록 합니다.

Q : 빗물탱크는 어디에 두나요?

A : 빗물을 대량으로 저장하는 경우가 많으므로 그 하중을 견딜 수 있는 곳에 설치하도록 계획합니다. 그런 장소로는 마루 밑과 지하, 정원 설치 등을 고려합니다. 여과 분리할 수 있는 필터를 홈통에 달아서 빗물을 욕조에 직접 모으는 방법도 있습니다. 3.2.4 빗물탱크 · 빗물저장조의 항목을 참고하세요.

Q : 2층에 빗물탱크를 둘 수 있나요?

A : 신선한 빗물을 모아 목욕에 사용한다면 소량으로도 충분합니다. 2층 발코니가 하중을 견딜 수 있는 구조인 경우, 빗물탱크를 2층 발코니에 설치하는 방법이 있습니다. 그러면 위치에너지를 이용하여 1층 욕조에 물공급이 가능합니다.

Q : 빗물 목욕에 이상적인 에너지원은 무엇인가요?

A : 여러 아이디어와 접목해 태양열 온수기, 태양광 발전 등을 활용하여 화석연료에 의존하지 않는 방법을 종합적으로 검토하는 것이 좋겠습니다.

3.1.11 음용 · 세면

예부터 빗물은 그대로 마셨습니다. 원래 비는 증류수이므로 수질은 좋지만 마실 경우에는 저장방법에 주의해야 합니다. 현재 일본은 위생관념이 높아 수도법에서 염소살균이 의무화되어 있습니다.

일반적으로 빗물을 마실 수밖에 없는 경우는 수돗물 공급이 안 되거나 비상시 등입니다. 역자주 : 일본에는 빗물을 그대로 마시는 것에 불안감을 느끼는 사람이 많습니다.

반대로 빗물을 마시고 싶다는 분도 있습니다. 이 경우에는 좋은 수질을 얻을 수 있는 빗물활용 시스템을 만들어야 합니다.

□정우(整雨) 레벨

안전성을 확보하기 위해서 가장 높은 레벨로 합니다. '정우(整雨) 레벨Ⅳ'는 자외선살균기와 약품주입 등으로 살균 또는 역삼투막으로 세균을 제거합니다. 현 시점에서는 역삼투막 처리 등이 비싸지만, 앞으로의 건물은 태양광 발전뿐만 아니라 연료전지 등 에너지 자립형의 시대로 향하고 있습니다. 따라서 미래에는 건물에서 발전한 전기로 건물 자체 수원의 빗물을 마시는 시대가 올 것입니다.

□계획 · 공사 시의 주의점

일반적인 이용 용도의 빗물저장조와는 별도로, 음용 전용의 작은 물탱크를 설치하면 관리하기 쉬워집니다. 음용에 사용하는 양은 얼마 안 되기 때문에 잡용수 용도와 분리하는 것이 합리적입니다. 물탱크도 옥외나 지하매설보다 실내나 마루 밑 등 점검하기 쉬운 장소에 설치하면 좋습니다.

□이용 시나 유지관리의 주의점

우물과 동일하게 정기적으로 원수의 수질검사를 하는 것을 권장합니다. 정기적인 확인을 위해 수질검사를 받는 것이 좋습니다. 일기예보에 신경쓰면서 빗물을 모으는 집우면과 탱크 등의 상황을 자주 점검하는 것이 중요합니다. 가장 중요한 것은 필터장치의 유지관리 기간을 지켜 정기적으로 교환하는 것입니다.

Q & A

Q : 빗물을 마셔도 되나요?

A : 기본적으로는 마셔도 되지만 몇 가지 주의점이 있습니다.

1. 초기 빗물은 대기중의 더러움이 섞여 있습니다. 본격적으로 내리기 시작한 비는 증류수에 가깝고 매우 양호한 수질이므로 음용이 가능합니다.
2. 끓이는 것을 권장합니다. 식품위생법에서는 원수가 깨끗하면 가열살균하여 마셔도 된다고 되어 있습니다.
3. 그러나 기본적으로 수도법이 정한 수질기준을 만족하고 실질적으로 문제가 없다고 하더라도, 마시는 것은 이용자의 자기책임이 됩니다.

Q : 제균 / 살균 장치는 무엇인가요?

A : 위생상의 안전성이 제일이므로 빗물을 살균하거나 무균으로 할 수 있는 장치를 말합니다. 마실 경우에는 끓이는 것이 가장 간단합니다. 역삼투막장치(RO)를 사용하면 완전히 무균으로 할 수 있습니다. 또 빗물의 원수관리를 잘 한다면 정밀여과막(MF), 한외여과막(UF) 등의 장치로도 충분합니다.

*1 : 도쿄도수도국으로부터

막 처리의 성능*1

막의 종류			물질 크기			불순물	참고
MF 정밀여과법	UF 한외여과법	RO 역삼투법					
			1mm	1μm	현탁물질		
			0.1mm	100μm	현탁물질		모발
			0.01mm	10μm	현탁물질		적혈구
			0.001mm	1μm	현탁물질	크립토스포리듐(cryptosporidium: 3~5μm) 대장균	
			100nm	0.1μm	콜로이드	점토류	포도상구균, 이질균,
			10nm	0.01μm	콜로이드	바이러스	에이즈 바이러스
			1nm	0.001μm	용해성물질	농약, 트리클로로에틸렌	
			0.1nm	1Å	용해성물질	이온	

Q : 빗물 수질을 어떻게 확인하나요?

A : 음용 적합 판단은 공적 기관의 검사가 필요합니다. 검사로 음용에 적합하더라도 마시는 것은 자기책임입니다.

Q : 빗물은 재해시 / 긴급사태시 마셔도 되나요?

A : 본래 증류수인 빗물은 대규모 재해 시에는 음료수 · 조리용수로 사용할 수 있습니다.

'정우 레벨 Ⅲ · Ⅳ' 의 경우, 수동 역삼투막정수기를 사용하거나 또는 가열해서 마실 수 있습니다. '정우 레벨 Ⅳ' 의 경우, 가정용 정수기에 통과시켜 끓이면 갓난아기의 분유용으로도 안전하게 사용할 수 있습니다. 한편, '정우 레벨 Ⅲ' 의 경우, 전처리로써 여과지나 간이 필터로 여과해야 합니다. 단, 더러운 물을 정수기에 통과시키면 정수기가 금방 막혀서 사용할 수 없게 되므로 주의하십시오.

Q : 빗물을 마시면 맛있나요?

A : 사실 그대로 마시면 수질이 지나치게 순수합니다. 그 때문에 미네랄을 첨가하는 경우도 있습니다. 그러나 차나 커피 등에 사용하면 증류수에 가까운 연수이기 때문에 맛있게 마실 수 있습니다. 역자주 : 호주에서 빗물을 음료수(상표명Cloud juice)로 판매하는데, 인기가 높다고 합니다.

참고로, 고양이는 빗물을 좋아하므로 수돗물은 마시지 않지만, 비가 내리면 반드시 고인 빗물을 마시러 갑니다. 고양이는 미식가라서 빗물의 맛을 아는 모양입니다.

3.2 어떤 장치가 어디에 필요한가요?

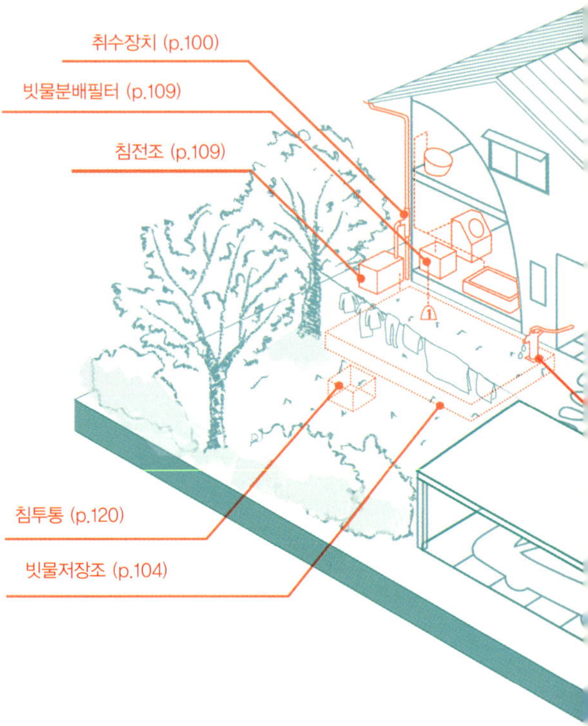

3.2에서는 빗물활용 시스템에 필요한 '장치' 에 대해서 해설합니다.

3.1에서 빗물활용의 용도마다 어떤 장치가 필요한지를 확인하였고 그 장치의 특징, 역할과 주의점을 파악하였습니다. 각각의 부지조건과 빗물활용 용도에 맞는 장치를 사용하여 우리집의 빗물활용 시스템을 만들도록 합니다.

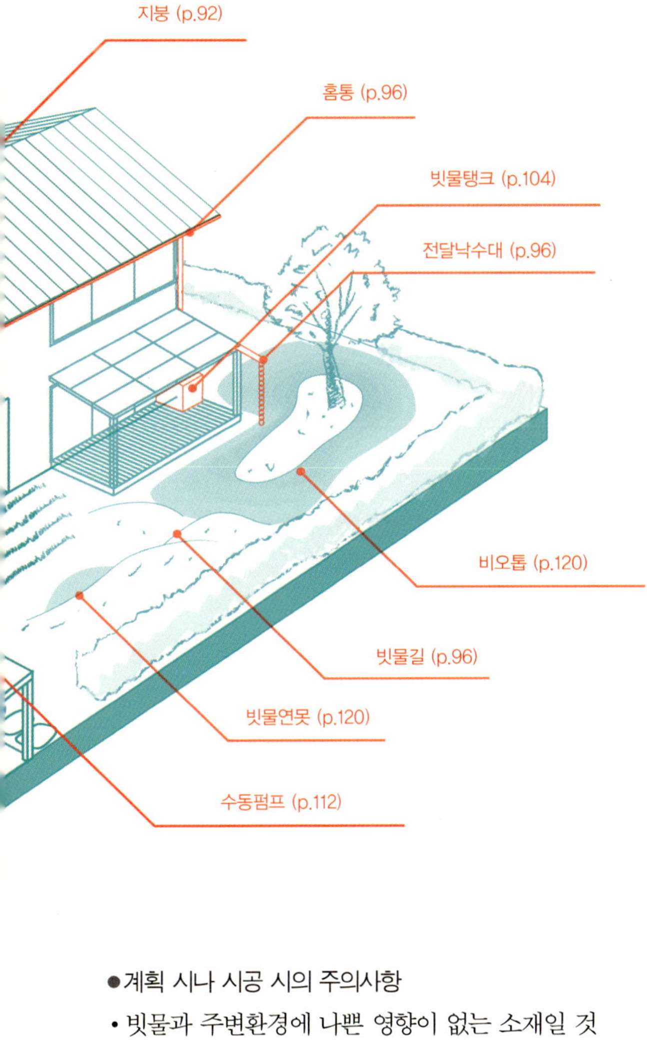

비를 빌린다 · 되돌린다 아이콘

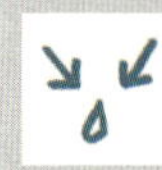

집우(集雨)
내린 비를 지붕이나 연못 등을 사용하여 모은다.

보우(保雨)
모은 비를 저장조나 토양에 보전한다.

배우(配雨)
비를 홈통이나 수로 · 펌프 등으로 운반, 배분한다.

정우(整雨)
비를 침전이나 여과 등을 통해 목적에 상응하는 수질로 정리 · 정돈한다.

증산
식물, 특히 잎을 통해 비를 증산시킨다.

증발
수면이나 흙, 표면의 소재를 통해서 비를 증발시킨다.

침투
지면이나 침투층을 사용하여 비를 흙에 침투시킨다.

●계획 시나 시공 시의 주의사항

- 빗물과 주변환경에 나쁜 영향이 없는 소재일 것
- 시스템을 운영하기 전에 시공중에 나온 쓰레기 등을 청소할 것. 특히 지붕과 비홈통, 배관은 한 번 물을 흘려보내어 쓰레기 등을 배출한 후 사용한다.
- 활용 용도별로 이용할 수 없는 소재도 있으므로 주의한다.
- 어떤 장치라도 반드시 정기적인 유지관리가 필요. 설치 후 유지관리가 간단한지 확인해서 각 장치를 선택한다.

3.2.1 지붕

· 비를 받는다.
· 비를 모은다.
· 비를 보전한다.
· 비를 증발산시킨다.

□ '지붕' 의 역할

'지붕' 은 빗물을 받아 모으는 역할을 합니다. 소재에 따라 빗물을 구분하거나(정우(整雨)), 일시적으로 유지하거나, 빗물을 증발시키는 효과가 있습니다.

□ '지붕' 의 타입

'경사지붕'

- 쓰레기나 흙먼지 등을 흘려보내기 쉽다.
- 빗물 흐름을 제어하기 쉽다.
- 청소 등의 유지관리가 어렵다.

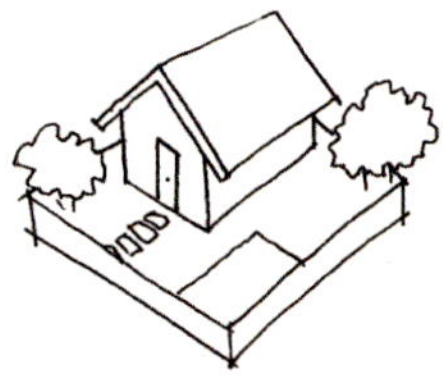

'평지붕' (평평한 지붕)

- 쓰레기나 흙먼지가 쌓이기 쉽다.
- 빗물 흐름을 제어하기 어렵다.
- 청소 등 유지관리가 하기 쉽다.
- 빗물 유출을 억제하기 쉽다.

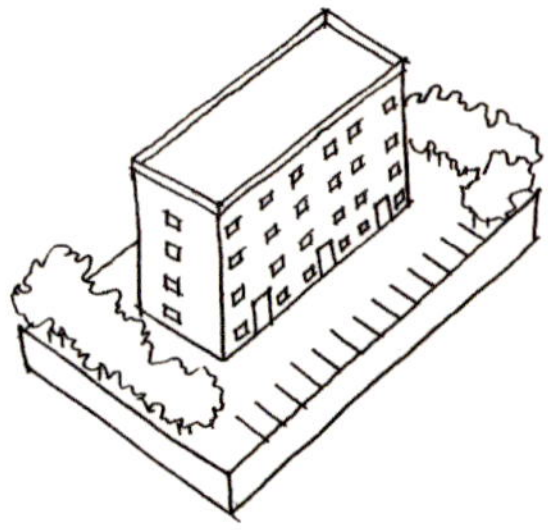

□ '지붕'의 재료와 특징

'흙을 사용한 소재' : 기와, 슬레이트(slate)(천연·인공), 시멘트 등

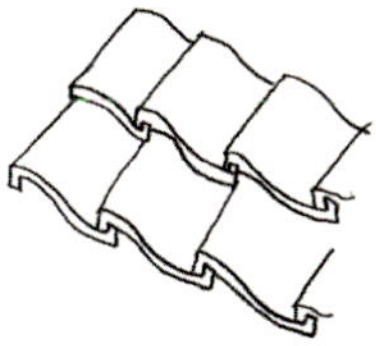

- 소재에 포함된 성분이 빗물과 함께 흘러 나올 수 있다.
- 초벌구이한 기와는 금속계나 수지계의 지붕재료에 비해 보수력이 있다.
- 지붕의 경사를 완만하게 할 수 없다.

'금속계' : 갈바륨, 스테인리스, 구리 등

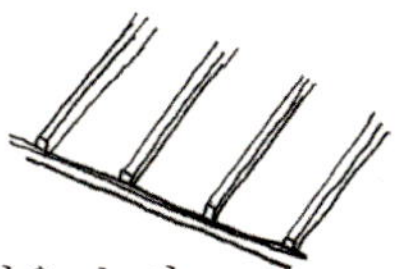

- 보수력이 없다.
- 다른 소재에 비해 지붕의 경사를 작게 할 수 있다.
- 동(구리)지붕의 경우, 녹아 나온 동 이온이 동식물에 나쁜 영향을 줄 수가 있다.

'수지계' : 폴리카보네이트나 염화비닐 등

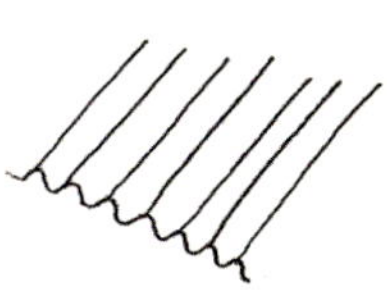

- 간이 차고나 헛간에 이용된다.
- 보수력은 없다.
- 우박이나 싸라기 눈을 맞아서 지붕이 손상될 수 있다.

'천 계통' : 차양(awning), 텐트 등

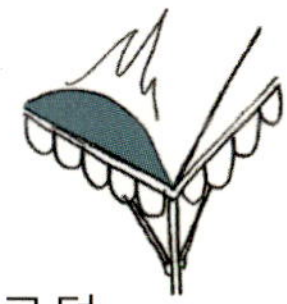

- 바람에 날아가기 쉽다.
- 접거나 펼치거나 하기 쉽다.

'식물계' : 짚이나 나무껍질 등으로 덮은 지붕, 판자지붕, 노송나무껍질 지붕 등

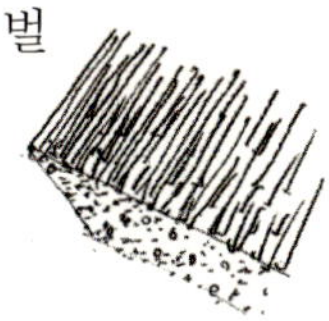

- 보수력이 높다.
- 모은 빗물에 미생물이나 벌레 등이 들어갈 수 있다.
- 흙·금속·수지계에 비해 내구성이 약하다.

'녹화지붕' : 아스팔트 방수나 금속계 지붕 위에 인공토양을 만들어 녹화를 한 것

- 토사와 미생물이 빗물에 들어가거나 빗물에 색이 스며나올 수 있다.
- 사용하고 있는 흙과 나뭇잎 등으로 드레인이 막힐 수 있다.
- 보수력이 높다.

'기타' : 아스팔트 방수, 시트 방수, FRP 방수(평지붕, 발코니 등)

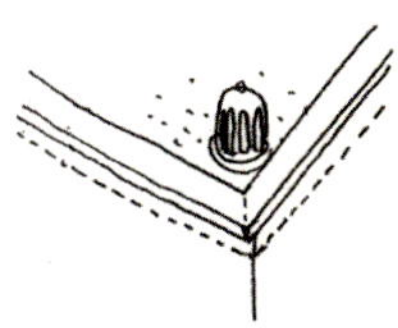

□ '지붕'의 주의사항

- 지붕에 쌓이는 낙엽과 흙먼지를 되도록 비홈통에 흘려보내지 않도록 한다.
- 빗물을 모으는 지붕면을 정기적으로 청소한다.
- 시공 직후에 소재의 성분이 많이 흘러나오는 경우가 있기 때문에 시공 후 어느 정도의 기간을 두고 나서 이용한다.

• 시공 직후에 반드시 청소를 한다.
• 지붕소재에 따라서 빗물에 엷게 색이 배어나올 수 있다.

Q : 지붕에서 모은 빗물을 이용할 경우 주의점은 무엇인가요?

A : 세 가지 포인트가 있습니다. ①소재 ②쓰레기가 흘러들어가지 않게 할 것 ③정기점검입니다.

① 지붕의 재질은 기와, 슬레이트(천연 · 인공), 시멘트 등의 '흙을 사용한 소재', 갈바륨, 스테인리스, 동 등의 '금속계', 기타 폴리카보네이트나 염화비닐 등의 수지계나 아스팔트 방수와 같은 것이 일반적입니다. 어느 재질도 지붕을 만든 초기에는 다양한 성분이 흘러 나오므로 주의해야 합니다.
특히 동 지붕으로부터 용해된 동 이온이 동식물에 좋지 않은 영향을 줄 수 있으므로 주의해야 합니다. 또 녹화한 옥상과 지붕으로부터 모은 비는 토양의 영향으로 빗물에 색이 번지든지 미생물이 많이 들어갈 수 있습니다.

② 지붕에는 낙엽과 쓰레기, 흙먼지 등이 쌓입니다. 이러한 낙엽과 쓰레기 등이 가능한 한 홈통에 들어가지 않도록 해야 합니다. 최근에는 쓰레기나 낙엽이 들어가지 않도록 고안된 비홈통과 루프 드레인(roof drain)[70]도 있습니다.

③ 지붕면을 정기적으로 점검 · 청소함으로써 좀더 깨끗한 빗물을 모을 수 있습니다.

Q : 옥상녹화에 빗물을 이용하는 방법은 없나요?

A : 빗물을 우선 물탱크나 빗물저장조에 모아 전동펌프로 옥상으로 끌어올려서 이용하는 방법이 일반적입니다. 또 옥상녹화의 인공토양 밑에 팔레트를 깔아서 빗물을 모으는 기능을 갖게 한 공법도 있습니다. 이 공법이라면 물탱크나 펌프가 없어도 옥상녹화에 빗물을 이용할 수 있습니다.

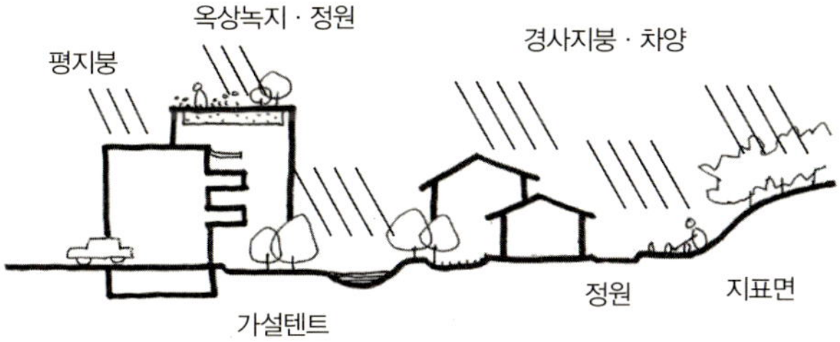

Q : 지붕 이외로부터 빗물을 모으는 방법은 없나요?

A : 벽과 지면, 도로로부터도 빗물을 모을 수 있습니다. 단, 지면과 도로에서 모은 빗물은 토사나 기름 성분, 토양의 미생물 등이 많이 들어가므로 잘 제거해야 합니다. 또 최근에는 지붕과 비홈통 대신에 간단히 빗물네트 등을 이용해서 사용해서 빗물을 모으는 도구도 판매되고 있습니다.

Q : 공동주택(아파트, 빌라, 다세대주택 등)에 살고 있는데, 어떻게 빗물을 확보할 수 있나요?

A : 공동주택(아파트, 빌라, 다세대주택 등)의 경우는 베란다로 통하고 있는 비홈통으로부터 취수할 수 있습니다. 단, 공동주택 베란다나 비홈통은 '공용부분' 이므로 그 이용방법에 대해서는 공동주택 관리규정 등의 확인이 필요합니다. 가령 설치 제약이 없어도 공용부분 공사는 관리조합 등의 허가가 필요합니다. 또 공동주택 베란다는 대부분의 경우 '긴급피난통로' 가 되므로, 피난에 방해가 될 가능성이 있으면 비홈통을 설치할 수 없습니다.

3.2.2 홈통 · 배관

· 비를 유도한다(분배).
· 비를 증발시킨다.
· 비를 침투시킨다.

□ '홈통 · 배관'의 역할

빗물을 유도하는 방법에는 홈통, 수로와 같이 고저차로 생기는 위치에너지를 이용해서 빗물을 흘려보내는 방법과 전동펌프 등과 같이 기계적인 배수장치를 이용하는 방법이 있습니다. 수로에 들어가는 쓰레기를 분리하는 등, 빗물과 쓰레기를 구분하는 장치를 넣거나 빗물의 흐름 그 자체를 즐기는 장치를 설치할 수도 있습니다.

□ '홈통 · 배관'의 타입

'처마홈통' : 지붕으로부터의 빗물을 받아 유도한다.

- 반원형
- 각형
- 평형

'선홈통' : 처마홈통으로부터의 빗물을 아랫쪽으로 유도한다.

- 폐쇄형 (파이프) : 원형, 각형 (정사각형 · 직사각형), 타원형
- 개방형(전달 낙수대) : 체인형, 컵형, 표면장력형

'빗물길, 수로' : 빗물을 침투나 증발시키면서 유도한다.

- 수로, 측구 등 지표면에 개방된 흐름

'배관' : 빗물을 다양한 장소에 배수한다.

- 수도(급수)용
- 배수용
- 내열성도 있음

'빗물통' : 빗물을 합류 · 분기 · 침투시킨다.

- 진흙과 모래를 침전시키는 것
- 빗물을 침투시키는 타입도 있다.
- 형태는 원형 · 각형

□ '홈통 · 배관' 의 소재와 특징

'홈통'

- 염화비닐제, 갈바륨 강판제, 스테인리스제, 알루미늄제
- 동(銅)제
- 목제, 대나무제
- 전달 낙수대(금속 · 플라스틱 등)
- 가고일(gargoyle)*1

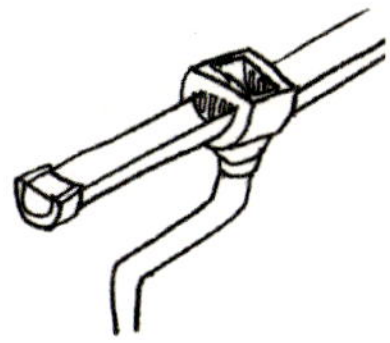

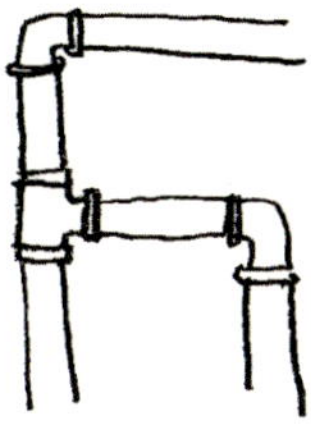

'배관'

- 염화비닐관
- 폴리에틸렌관
- 강관 (녹슬기 쉬우므로 수지로 코팅되어 있는 것이 바람직함)
- 스테인리스관
- 동관

'빗물통'

- 콘크리트제
- 플라스틱제
- 내구성, 내식성에 뛰어난 소재인 것
- 모은 빗물 혹은 배수와 배수하는 주변환경에 대하여 나쁜 영향을 주지 않는 것
- 처마홈통은 낙엽과 쓰레기가 들어가기 어려운 구조인 것(혹은 그 기능을 나중에 부착)
- 동결, 하중, 지진에 대하여 일정 강도 이상을 가지는 것
- 재생 이용이 가능한 소재 또는 재생재료를 사용한 것이 바람직함

□ '홈통 · 배관' 의 주의사항

- '처마홈통' 은 낙엽 등이 쌓이기 쉽고, 쓰레기를 방치하면 수질을 나쁘게 하는 원인이 되므로 정기적인 청소가 필요합니다.
- 배관의 접속부분과 취수장치는 자주 점검을 합니다.

*1 : 가고일
유럽의 교회나 사원의 네 모퉁이 등에 장식되어 있는 마물등의 모습을 본뜬 상. 지붕에 내려간 비가 홈통을 타고 가고일의 목을 통해 부리로부터 흘러나오는 장치로 되어 있다.

• 공사 후 시험적으로 물을 흘려보내 점검한 후에 빗물을 사용합니다.

Q : 홈통은 어떤 종류가 있나요?

A : 처마끝에서 떨어지는 빗물을 받는 처마홈통과 처마홈통에서 빗물을 흘려보내 떨어뜨리는 선홈통을 합하여 홈통이라고 합니다. 빌딩 등 지붕이 평평한 곳에는 선홈통만 있습니다. 홈통은 염화비닐제가 가장 많고 그 밖에 갈바륨 강판, 스테인리스, 알루미늄, 동과 같은 금속제가 있습니다. 형태는 반원형 처마홈통, 각형 처마홈통, 평형 처마홈통, 원형 선홈통, 각형 선홈통, 타원형 선홈통으로 분류됩니다. 또 쇠사슬 등에 빗물을 내려보내는 '쇠사슬 홈통'은 현관 등에서 비의 흐름을 보여줄 경우에 이용됩니다. 최근에는 원형 선홈통의 외부에 흘려보내는 타입도 있습니다.

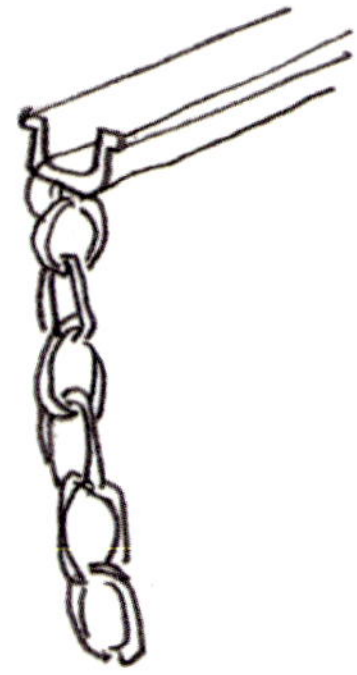

Q : 홈통을 선택할 때, 주의점은 무엇인가요?

A : 낙엽과 쓰레기가 처마홈통과 선홈통에 들어가지 않는 구조의 홈통을 권장합니다. 처마홈통에는 그러한 기능이 없어도 시공 후에 낙엽 제거망 등을 달 수도 있습니다.
동제의 비홈통은 용해하기 시작한 동 이온이 동식물에 나쁜 영향을 줄 수 있으므로 식물 물주기, 살수나 비오톱에 이용할 경우에는 주의해야 합니다.

Q : 선홈통은 어떤 형태가 좋을까요?

A : 선홈통은 원형에 가까울수록 빗물을 잘 흘려보낼 수 있지만, 각형도 사용할 수 있습니다. 단, '취수장치'는 선홈통의 형태에 따라 설치할 수 없거나 잘 기능하지 않을 수도 있으므

로, 설치할 취수장치를 고려하여 선홈통의 크기나 형태를 선택해야 합니다.

Q : 빗물활용 시 배관재료로는 무엇이 좋을까요?

A : 배관을 통과하는 빗물과 주변환경에 나쁜 영향을 주지 않으며 내구성이 뛰어난 것이라면 어느 것이든지 좋습니다. 일반적으로 염화비닐관이 대부분이며 그밖에 폴리에틸렌관, 철관, 스테인리스관, 동관 등이 있습니다. 철관은 녹슬기 쉬우므로 내부를 수지로 피복(라이닝, lining)한 것을 사용하도록 권장합니다.

Q : 배관재료는 어디에서 구입할 수 있나요?

A : 염화비닐관과 철관 등의 간단한 배관재료는 홈센터 역자 : 집수리 등에 필요한 재료, 공구 등을 판매하는 곳 등에서도 구입할 수 있습니다. 공사업자에게 배관공사를 의뢰하면 업자가 모두 준비해 줍니다.

Q : 스스로 직접 배관공사를 할 수 있나요?

A : 염화비닐배관과 염화비닐홈통 등 접착식 장치는 이들에 관한 지식과 전용 공구가 있으면 직접시공이 가능합니다. 단, 펌프를 사용해서 수압을 얻는 경우나 수돗물 보급, 하수로의 배수 등이 필요한 경우는 반드시 수도공사를 전문으로 하는 전문업자에게 맡기는 것이 좋습니다.

3.2.3 취수장치

· 비를 유도한다(분배한다).
· 비를 구분한다.

□ '취수장치' 의 역할

'취수장치' 는 집수면에서 홈통 등을 이용해 유도한 빗물을 빗물탱크나 빗물저장조에 모으는 장치입니다. 취수장치에는 빗물을 모을 뿐만 아니라 쓰레기나 초기 빗물 역자주 : 처음 내리기 시작할 때의 비, 대기의 먼지가 많이 포함되어 초기빗물 제거가 필요 을 제거하는 기능을 가지는 것도 있으므로 취수장치의 기능을 잘 구분하여 써야 합니다.

□ '취수장치' 의 타입

'취수기' (취수 이음새, 집수 이음새)

- 선홈통에 설치하여 선홈통에서 나오는 빗물을 빗물탱크나 빗물저장조에 모으는 장치입니다.
- 선홈통으로부터 분기되어 빗물을 취수하는 단순한 것부터 쓰레기 등을 제거하는 기능이나 초기 빗물을 제거하는 기능 등을 갖춘 것까지 다양하게 있습니다.
- 지상설치형의 물탱크나 전용저장조로밖에 사용할 수 없는 것과 지상설치형, 매설형, 지하형 모두에 사용할 수 있는 것이 있습니다.

'취수통'

※취수통 : 빗물통을 말함. 지면의 빗물을 빗물저장조에 받아들이기 위해서 이용할 경우에 '취수통' 이라고 합니다.

- 땅속에 매설하고 지표면의 빗물을 빗물저장조에 모으거나, 선홈통으로부터 흘러 내려오는 빗물을 빗물저장조에 모으는 장치입니다.
- 유입한 쓰레기나 모래, 진흙 등을 침전 등의 방법으로 분리시키는 기능을 가집니다.
- 취수기와 달리 땅속에 매설해서 사용하므로 매설형이나 지하설치형의 빗물저장조로만 사용할 수 있습니다.

콘크리트제 통

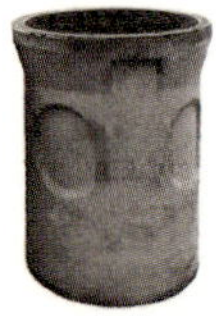

수지제 통

□ '취수장치'의 소재와 특징

- 수지제, 금속제, 콘크리트제 (취수통)가 일반적입니다.
- 주변환경이나 그 장치가 흐르는 빗물에 나쁜 영향이 없는 소재를 사용해야 합니다.
- 취수통은 부식에 강하고 하중이나 토압(흙의 압력)에 견딜 수 있어야 합니다.
- 낙엽이나 쓰레기의 제거, 초기 빗물 제거 등의 성능은 제품마다 다릅니다.
- 기능이나 구조상, 설치할 수 있는 선홈통의 형태나 크기가 정해져 있는 것이 있습니다.

취수장치

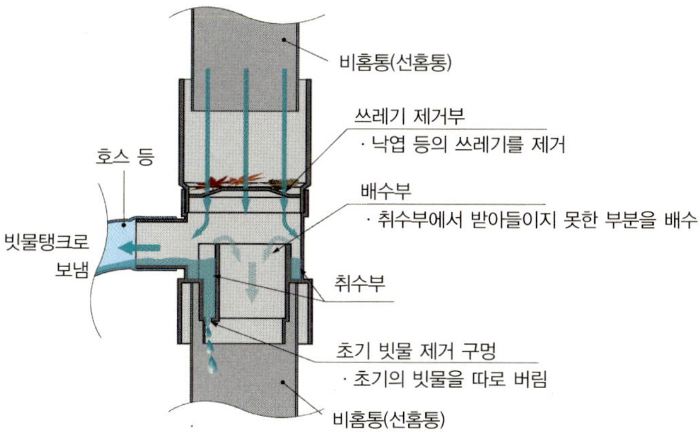

□ '취수장치'의 주의사항

- 취수기의 대부분은 빗물탱크와 세트 판매가 많아서 별도로 구입할 수 없는 것도 있습니다.
- 대형 저장조와 정우(整雨) 레벨이 높은 용도의 경우는 쓰레기나 초기 빗물을 제거할 수 있는 기능이 있는 취수장치가 바람직합니다.
- 쓰레기 등을 제거하기 위한 제거망이나 필터, 그리고 초기 빗물을 제거하는 기능이 있는 부분은 정기적인 청소나 점검이 필요합니다. 특히 가을부터 겨울에 걸쳐서 낙엽 등의 쓰레기가 증가하므로 주의해야 합니다.

Q & A

Q : 취수장치란 무엇인가요?

A : 취수장치는 집수면에서의 빗물을 빗물탱크나 빗물저장조에 모으기 위해서 빗물의 흐름을 나누는 역할을 합니다. 선홈통에 부착하는 취수기, 취수 이음새, 집수 이음새라고 부르는 것과 땅속에 매설하여 지하저장조에 유입시키는 취수통이 있습니다.

Q : 깨끗한 빗물을 물탱크에 모으기 위해서는 어떤 취수장치를 선택하면 되나요?

A : 지붕에 퇴적한 쓰레기나 낙엽을 제거할 수 있는 쓰레기 제거기능이 있는 장치를 권장합니다. 또 '초기 빗물'이란 막 내리기 시작한 비를 말하는데, 대기 중의 먼지, 지붕에 쌓인 모래나 진흙 등을 많이 포함하고 있으므로 이를 제거할 수 있는 취수장치를 이용하면 좀더 정우 레벨이 높은 빗물을 모을 수 있습니다.

Q : 취수장치를 사용하지 않고 선홈통으로부터 직접 물탱크나 저장조에 모으면 안 되나요?

A : 빗물의 이용목적에 따라 다르지만, 물탱크 내에 쓰레기나 먼지 등이 들어가 수질이 나빠지거나 빈번하게 청소해야 할 필요가 생기므로 권장하지 않습니다. 특히 지하저장조는 쓰레기 등 침전물의 청소가 어렵기 때문에 선홈통으로부터 직접 유입시키는 것은 권장하지 않습니다.

Q : 취수장치는 어디에서 구입할 수 있나요?

A : 홈센터나 인터넷의 통신판매 등으로 구입할 수 있습니다. 단, 선홈통에 부착하는 타입의 취수장치는 빗물탱크와 세트 판매하는 경우가 많아서, 취수장치만 별도 구입할 수 없는 것도 있습니다.

"신 군과 독일인 당케 씨의 취수장치 대화"

신 : 선홈통으로 직접 빗물을 모으는데, 낙엽이나 쓰레기가 많아서….
뭔가 좋은 방법이 없나 해서, 인터넷으로 조사해봤는데 너무 많아서 뭐가 좋은지 모르겠어.

당케 : 취수장치말이야? 독일에서는 필터라고 부르는데. 독일에는 선홈통에 설치하는 좋은 취수장치가 있어.

신 : 독일에도 있구나. 무엇을 선택하면 좋니?

당케 : 독일에서는 모두 DIN 규격의 제품을 사용하고 있어.

신 : DIN? DIN 규격 제품이란게 뭐니?

당케 : DIN이란 독일 공업규격이야. 일본에도 JIS가 있어. DIN에 빗물활용 제품의 규격이 있고 취수장치의 기능이나 검사방법까지 정해져 있어. 그래서 모두 DIN 규격 제품을 사용하는 거야.

신 : 음, 규격이 정해져 있어 좋군. 그렇다면 독일제를 사용하면 되겠네…. 그것을 일본 주택에도 사용할 수 있을까?

당케 : 일본 주택이나 홈통 크기에 맞춰 만들어져 있지 않아서…. 그러고 보니 아는 사람이 '일본도 DIN을 상회하는 규격을 만들겠다'라고 했는데, 곧 일본에도 규격이 생기지 않을까?

신 : 그래? 일본도 빗물활용의 규격이 생기겠군. 그렇다면 그때까지 취수장치 사는 걸 보류할까나…….

3.2.4 빗물탱크 · 빗물저장조

· 비를 유지한다.
· 비를 구분한다.

□ '빗물탱크 · 빗물저장조'의 역할

'빗물탱크 · 빗물저장조'에 빗물을 모아서 다양한 용도로 활용할 수 있습니다. 빗물을 모으는 것에 따른 유출억제효과를 기대할 수 있습니다. 집수한 빗물을 '빗물탱크 · 빗물저장조'에 잠시동안 모아두면 자연적으로 혼합물이 침전됩니다. 즉, 정우(整雨) 레벨을 올리는 효과도 기대할 수 있습니다.

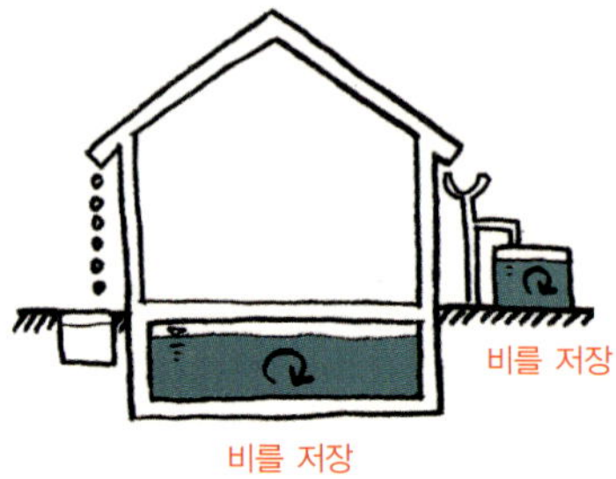

□ '빗물탱크 · 빗물저장조'의 타입

'빗물탱크'

- $1m^3$까지의 용량
- 지상설치형
- 홈센터나 인터넷 등으로 간단히 구입 가능

'빗물저장조'

- $1m^3$이상 용량
- 지중매설이나 지하 피트(pit) 내에 설치해서 사용할 때가 많다.
- 대형은 지중보 역자주 : 땅속에 설치되어 기둥과 기둥을 연결하는 구조부재 를 이용하거나 수지제, 조립식을 이용한다.

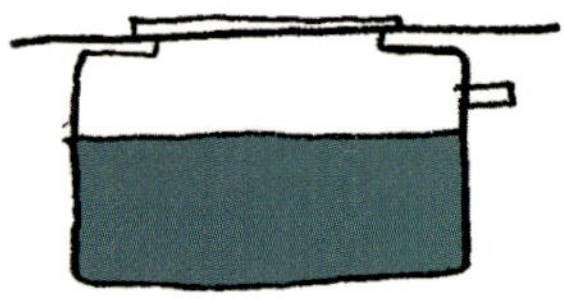

□ '빗물탱크 · 빗물저장조'의 소재와 특징

빗물탱크

수지제

금속제

목제

빗물저장조

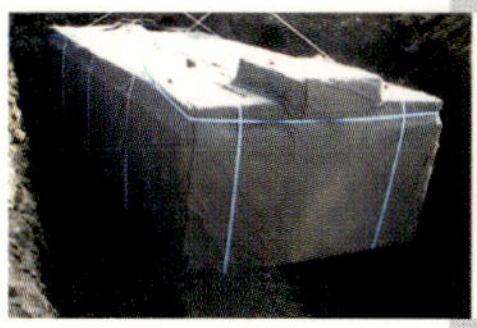
수지제

콘크리트제

- 내구성이 높을 것
- 장기간 사용해도 변형되지 않을 것. 원통형은 수압에 강하여 잘 변형되지 않는다. 각형은 수압에 따라 부풀어 오르기 쉽다.
- 빛을 통과시키지 않거나 통과시키기 어려운 것
- 직사광선에 의한 수온상승을 막을 수 있는 것
- 수도꼭지나 펌프 등이 달려 있는 것
- 물탱크 내부의 수량을 육안으로 확인할 수 있는 수위계가 달려 있는 것(창을 만드는 경우에는 가능한 한 빛이 들어가지 않도록 한다)
- 만수 시에 빗물을 오버플로(overflow) 할 수 있는 것
- 빗물을 저장조에 부드럽게 유입시키기 위해서 저장조 내의 공기를 뺄 수 있는 것. 공기를 빼는 장치에는 저장조 내에 곤충, 작은 동물의 침입을 방지 할 수 있는 것
- 체인이나 앵커로 고정할 수 있는 것
- 취수부나 물탱크의 청소, 내부점검을 하기 쉬운 것
- 토압(흙의 압력) 등의 외력을 견디는 것

□ '빗물탱크 · 빗물저장조'의 주의사항

- 전도되지(뒤집히지) 않도록 한다.
- 설치한 후 주변 토양 등을 오염시키지 않는다.
- 동결대책과 직사광선에 의한 수온상승 대책이 필요하다.
- 취수장소로부터 빗물탱크에 도달하기까지 거리를 고려한다.
- 정기적으로 내부의 퇴적물을 확인, 제거한다.
- 저장조의 취수구 앞에 유지관리가 가능한 침사조[64] 등을 설치하면 좋다.

Q & A

Q : 물탱크 설치 시 주의점은 무엇인가요?

A : 우선 물탱크의 안정성을 확보해야 합니다. 예를 들어, 용량 200L라면 200kg+물탱크의 중량이 됩니다. 먼저 이 중량에 대해 물탱크의 설치장소가 견딜 수 있는지 확인이 필요합니다. 만일 견딜 수 없을 경우는 콘크리트로 기초 다지기 등의 공사가 필요합니다. 또 물탱크를 기초에 앵커로 고정하거나 체인 등을 사용해서 건물에 고정하는 등의 전도방지책도 필요합니다.

Q : 빗물탱크나 저장조를 설치하려면 공간이 얼마나 필요한가요?

A : 지하매설형의 저장조라면 자동차 1대가 들어갈 수 있는 정도의 공간에 3,000~5,000L 정도의 저장조를 설치할 수 있습니다. 또 200L 전후의 빗물탱크는 에어컨 실외기 정도의 공간이면 설치할 수 있습니다. 대형 빗물저장조는 일상생활에서 사용하지 않는 지하매설이나 마루밑의 데드 스페이스(dead space)를 활용하면 좋습니다.

Q : 물탱크의 수명은 얼마나 되나요?

A : 물탱크의 재질에 따라 다르지만, 지금까지의 실적으로 볼 때 수지제는 15~20년 정도 사용할 수 있습니다. 스테인리스제면 좀더 수명이 길어집니다. 지하에 설치할 경우에는 지상과 달리 비바람이나 직사광선에 마모되지 않으므로 50년 정도는 사용할 수 있습니다.

Q : 모은 빗물이 썩거나 장구벌레(모기의 유충)가 들끓거나 하지 않나요?

A : 빛이 들어오지 않도록 잘 관리하면 빗물이 썩는 일은 없습니다. 물탱크 내부를 정기적으로 확인하고 청소합니다. 간이 물탱크는 장구벌레의 발생을 100% 억제하지 못합니다. 적절한 시스템을 만들어 통기구 등의 방충망은 촘촘한 것을 이용하는 것이 좋습니다. 또 물탱크 내에 소량의 동판이나 동망을 넣어두면 장구벌레의 성장을 억제하는 효과가 있습니다.

Q : 물탱크 크기는 얼마가 좋을까요?

A : 이용목적과 설치장소별로 다릅니다. 플랜터(flower planter)나 화분 물주기에는 100L 정도로 충분합니다. 화장실용수라면 최저 2,000~3,000L의 용량이 필요합니다. 물탱크 용량은 이용 용도뿐만 아니라 빗물 유출억제도 고려하여 계획을 세웁니다.

Q : 가장 합리적으로 모으는 방법은 무엇인가요?

A : 신축의 경우 기초를 조금 깊이 파서 저수(貯水)피트(pit)를 만들면 큰 용량의 저장조라도 비교적 저렴하게 만들 수 있습니다. 정원 등에 큰 용량의 저장조를 만들 때 조립형을 이용하면 빠르고 비교적 저렴하게 만들 수 있습니다.

Q : 스스로 만들 때, 주의점은 무엇인가요?

A : 사용하지 않는 대형 용기나 욕조 등을 이용하면 스스로도 간단히 만들 수 있습니다. 이때 주의점은 ①물이 새지 않고 ②내구성이 높은 소재이며 ③뚜껑이 있고 ④빛을 통과시키지 않는 것입니다. 또 수도꼭지나 배수용 밸브를 부착해두면 빗물을 이용하기 쉽고 물탱크의 유지관리에도 편리합니다.

다른 용기를 재활용하여 만든다.

· 농업용 저수조가 저렴함
· 빛이 안에 들어오지 못하도록 페인트를 칠함

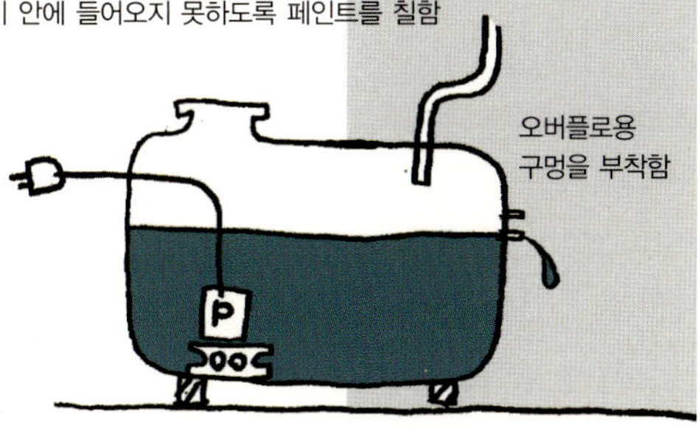

수중펌프는 바닥으로부터 조금 띄움

3.2.5 정우(整雨)장치 · 제균장치

• 비를 구분한다.

□ '정우장치 · 제균장치'의 역할

'정우장치'는 빗물에 들어가는 쓰레기나 진흙 등을 제거하고 활용 용도에 맞는 정우 레벨로 '빗물을 구분하는' 장치 입니다.

'제균장치'는 일정 이상의 정우 레벨의 빗물을 세균 제거 또는 살균하는 장치입니다. 이용 용도별로 빗물을 정우한 후, 제균장치를 이용하여 세균 제거 · 살균 등의 처리를 합니다.

□ '정우장치 · 제균장치'의 타입

'취수 필터'

• 취수장치에서 빗물탱크 · 빗물저장조 구간의 이물질을 제거한다.

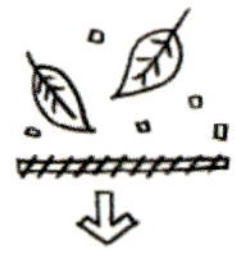

'빗물분배(配雨) 필터'

• 빗물탱크 · 빗물저장조로부터 이용하는 구간 사이의 이물질을 제거한다.

□ '제균장치'의 타입

'세균제거장치'

• 빗물의 미생물 수를 줄이고 청정도를 높인다.

'살균 · 소독장치'

• 빗물의 미생물을 사멸시킨다.

□ '정우장치 · 제균장치'의 특징과 기능

● **'정우장치'**

'취수 필터'

• 스크린이나 모래 등의 광물, 섬유를 사용해서 여과 또는 침전으로 모래나 진흙을 제거한다.

'빗물분배 필터'

• 활성탄, 세라믹 필터 등에 따른 미세한 오염물이나 악취를 제거한다.

물속의 여러 가지 불순물과 막여과의 적용범위

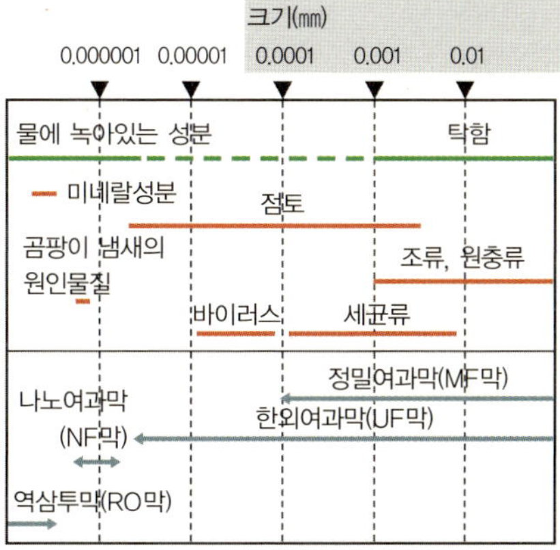

도쿄도 수도국HP '도쿄의 수돗물을 알자' 로부터
(참고문헌 : 알기쉬운 수도기술, 일본수도신문사)

● **'제균장치'**

'세균제거장치'

• 정밀여과(MF)막이나 한외여과(UF)막 등으로 여과하여 미생물 수를 줄인다

'살균 · 소독장치'

• 약품주입(염소주입)이나 자외선, 오존 등을 사용해서 미생물을 사멸시킨다.

□ '정우장치 · 제균장치'의 주의사항

• 내구성, 내식성(耐食性)이 높고 정우한 빗물에 나쁜 영향을 주지 않는 것

• 모래 등의 광물을 여과재료에 사용할 경우에는 충분한 세정을 한 후에 사용할 것

• 정우 레벨에 맞추어 각각의 물질을 제거할 수 있는 것

• 유지관리가 간단한 것. 빗물로부터 제거한 물질을 간단히 꺼내어 제거할 수 있는 것

• 침전장치는 빗물에 흘러들어가는 침전물을 가라앉히고 다시 부유시키지 않을 것. 또 침전물의 상태를 육안으로 확인할 수 있고 간단히 제거할 수 있는 구조일 것

• 스크린이나 부직포, 천 종류의 필터는 정기적으로 세정할 것

• 여과막 등은 제품마다 정해진 교환시기를 맞추어 교환할 것

Q : 빗물을 살균하려면 어떻게 하나요?

A : 가장 단순한 방법은 최종적으로 빗물을 이용하는 가장 가까운 부분의 배관에 염소살균기나 자외선살균기를 설치하는 것이 일반적입니다. 또 자외선이나 오존 등을 이용해서 살균하는 방법도 있습니다. 이러한 방법으로 빗물을 살균해서 이용할 경우, 정기적으로 보건소 등의 검사기관에서 수질검사를 실시하여 살균효과를 유지하고 있는지 확인합니다.

Q : 정우장치를 사용하면 한번 이용한 빗물을 재이용할 수 있나요?

A : 정우장치는 지붕 등에서 모은 빗물을 구분하는 것으로 정화조와 같은 기능은 없습니다. 화장실이나 세탁 등에 이용한 빗물은 하수도로 배수해 주십시오. 진흙을 제거하는 애벌빨래에 사용한 빗물은 진흙 등을 제거한 후 물뿌리기에 사용하거나 침투시켜도 됩니다. 세제를 사용했을 경우나 세차의 폐수는 화학물질이나 기름 성분을 많이 포함하고 있으므로 반드시 하수도에 배수하도록 합니다.

Q : '산성' 인 비를 이용해도 되나요?

A : 비의 수소이온 농도(pH)가 5.6이하일 때 '산성비' 라고 합니다. 산성비의 주원인은 대기중의 황산화물(SOx)이나 질소산화물(NOx) 등의 대기오염물질입니다. 대기를 정화하는 역할을 하는 비는 이러한 물질이 섞여져서 산성비가 됩니다. 그러나 내리기 시작한 후 시간이 지나면서 이 오염물질은 점점 없어지고 산성이 중화된다는 조사결과가 있습니다. 따라서 내리기 시작한 비(초기 빗물)가 들어가지 않도록 합니다. 초기 빗물이 들어가더라도 저장조의 용량이 크면 희석됩니다. 초기 빗물을 제거할 수 없어도 콘크리트제 저장조라면 중화됩니다. 수지제 물탱크 등의 경우에는 조개껍질 등을 넣어 중화시킬 수 있습니다.

Q : 빗물을 이용할 때에는 정우장치가 반드시 필요하나요?

A : 정우장치가 필요한지의 판단은 빗물의 이용 용도에 따라 결정됩니다(자세한 내용은 2.5 '어떤 빗물을 어디에 사용하나요?' 의 정우 레벨 일람표를 참고). 또 다음 사항에 주의하면 정우 레벨을 향상시키고 유지관리에 도움이 됩니다.

- 초기 빗물이 들어가지 않도록 한다.
- 필요한 용량보다 조금 큰 물탱크나 저장조를 선택하면 침전 효과를 높일 수 있다.
- 빗물이 빗물탱크나 빗물저장조에 들어갈 때 내부 침전물이 들어가지 않도록 고려한다.
- 집수면이나 홈통 등도 반드시 정기적으로 청소를 한다.

3.2.6 펌프

· 비를 유도한다.(분배한다)

□ '펌프'의 역할

빗물탱크 · 빗물저장조에 모은 빗물을 펌프로 활용 장소까지 보낼 수 있습니다. 낮은 곳에 모은 빗물을 높은 곳에 사용하기 위해서 펌프로 끌어올려 다양한 곳, 다양한 용도에 사용할 수 있습니다.

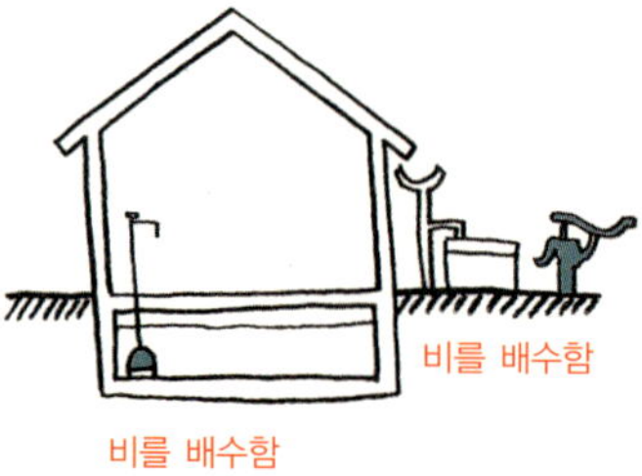

□ '펌프'의 타입

'수동펌프'

- 수동 피스톤 펌프
- 수위가 낮은 우물 또는 지하수조로부터의 양수용
- 중간 실린더를 부착한 수동펌프의 경우는 13m 정도까지 양수 가능

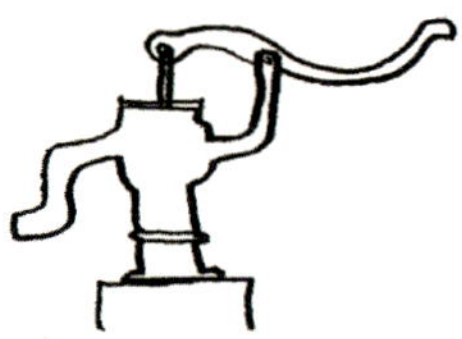

'육상펌프'

- 펌프 본체를 육상에 설치하고 물을 빨아올려 다른 장소에 배수한다.
- 주로 급수 · 배수용

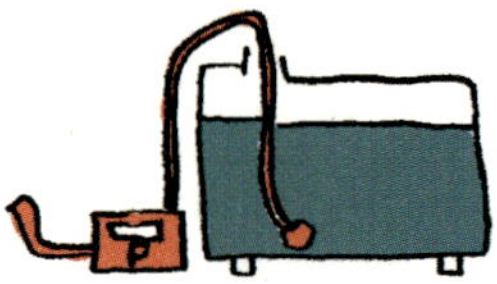

'수중펌프'

- 펌프 본체를 수중에 설치하여 물을 끌어올린다.
- 급수 · 배수용과 함께 오수 등의 배수용이 있다.

□ '펌프' 의 기능

빗물을 사용하는 용도와 장소별로 필요한 '펌프' 의 기능이 달라집니다. 설치장소가 수중인지 육상인지, 고저차는 몇 m인지, 펌프의 구조 등으로부터 적절한 펌프를 선택해야 합니다.

펌프의 종류와 특징

<table>
<tr><th>종류</th><th>구조</th><th>특징 등</th><th>설치장소</th><th>일반적인 용도</th><th>토출압력</th><th>흡입가능 높이</th><th>유량</th></tr>
<tr><td rowspan="3">피스톤 펌프</td><td rowspan="3">피스톤의 상하(전후)운동에 의해 유체를 빨아올려 내뿜음</td><td rowspan="3">우물용 수동펌프가 주로 이 타입. 다이어프램 펌프도 같은 종류</td><td rowspan="3">육상</td><td rowspan="3">가정의 얕은 우물용. 압력이 낮고 유량이 적어도 좋은 용도.</td><td colspan="3">수동펌프</td></tr>
<tr><td>2~20m</td><td>2~20m</td><td>0.11~1.07L/1회</td></tr>
<tr><td>실린더 내경에 의함</td><td>실린더 내경에 의함</td><td>실린더 내경에 의함</td></tr>
<tr><td rowspan="2">소용돌이 펌프
터빈 펌프</td><td rowspan="2">소용돌이 형태의 케이싱 안의 날개 바퀴를 회전시켜 그 원심력으로 물을 빨아올리거나 밀어올리거나 함</td><td rowspan="2">가장 일반적인 펌프구조. 수중펌프의 대다수가 이 타입. 수압보다 많은 수량을 필요로 하는 용도에 적합.</td><td rowspan="2">수중
·
육상</td><td rowspan="2">공업용, 농업용, 일반빌딩 가압용, 가정의 깊은 우물용</td><td colspan="3">수중펌프 50Hz 250W 상당</td></tr>
<tr><td>2~7m 정도</td><td>0m(※)</td><td>20~180L/min 정도</td></tr>
<tr><td rowspan="2">캐스케이드 펌프
(cascade pump)</td><td rowspan="2">날개바퀴가 케이싱 안을 고속 회전하여 소용돌이를 일으켜 유체를 빨아올려 밀어올림</td><td rowspan="2">가정의 우물펌프가 이 타입. 수량보다 수압을 필요로 하는 용도에 적합</td><td rowspan="2">육상</td><td rowspan="2">가정의 얕은 우물용, 산업용</td><td colspan="3">육상펌프 50Hz 250W 상당</td></tr>
<tr><td>5~30m 정도</td><td>5~8m 정도</td><td>10~50L/min 정도</td></tr>
</table>

※수중펌프는 펌프 자체가 잠겨 있는 물을 빨아들여 올리는 것으로 육상펌프와 같이 빨아올리는 힘이 없기 때문에.

□ '펌프' 의 주의사항

- 펌프는 범용품이 많아서 신뢰성이 높지만 정기적인 유지관리가 필요
- 감전 방지
- 동결 방지(동결 방지를 위해서 펌프내 물빼기를 할 수 있는 것)
- 스트레이너 등의 이물질 흡입 방지

Q : 자연재해 등으로 정전되면 어떻게 하나요?

A : 지진이나 태풍 등 자연재해가 많은 일본은 재해 등에 따라 정전될 수 있습니다. 정전에 대비하여, 태양광이나 풍력을 이용한 재생가능 에너지를 이용하는 시스템, 가정용 발전기, 인력으로 사용할 수 있는 수동펌프 등을 갖추어두면 좋습니다.

Q : 빗물을 사용해도 펌프가 고장나지 않습니까?

A : 우물에서 사용하는 경우와 마찬가지로 모래나 쓰레기를 빨아들이지 않도록 관리하면 괜찮습니다. 단, 수돗물 사용 시보다도 자주 유지관리를 하는 것이 좋습니다.

Q : 펌프를 사용하지 않는 방법이 있나요?

A : 빗물을 이용하는 장소보다 높은 곳에 빗물탱크를 설치하면 됩니다. 예를 들어, 3층 지붕의 빗물을 2층 빗물탱크에 모아 1층에서 이용한다면 위치에너지가 작용하므로 펌프를 사용하지 않아도 됩니다. 단, 기기(변기등)에 따라서 사용 수압이 결정되어 있는 것도 있으므로 자연수압[38]을 이용할 수 있는지 미리 확인이 필요합니다.

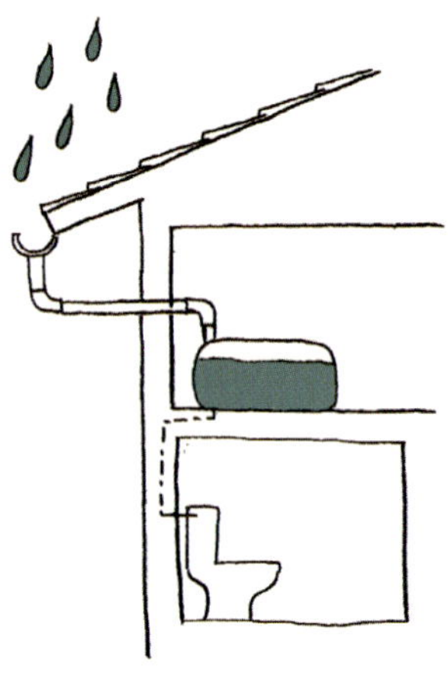

Q : 펌프를 설치할 때의 주의사항은 무엇인가요?

A : 가장 주의할 점은 방진 및 방음입니다. 빗물탱크 위에 두면 물탱크가 공명해서 소리를 증폭할 수 있으므로 방진 고무 등을 사용하는 등의 대책이 필요합니다. 누전, 동결되지 않도록 주의하고 설치 후의 유지관리 공간도 확보해 둡니다.

Q : 펌프의 수명은 얼마나 됩니까?

A : 사용 수량, 사용 수질에 따라 다르지만, 정기적인 점검 · 부품교환 등을 포함해 대략 10년 정도로 봅니다. 펌프 사용 설명서에 따라서 반드시 정기적으로 점검하는 것이 좋습니다. 스스로 점검을 할 수 없는 분은 유지관리 서비스(유료)를 하고 있는 제조회사를 이용하는 것도 하나의 방법입니다.

Q : 펌프는 ON · OFF 조작을 어떻게 하나요?

A : 가정용은 수압이나 유량에 따라 자동적으로 운전 · 정지하는 것이 일반적입니다. 이밖에 스위치 조작이나 콘센트를 꽂고 빼는 것에 의해 운전 및 정지하는 것도 있습니다. 사용 용도나 제어방법에 맞는 타입을 선택합니다.

펌프의 운전제어와 흡수방식

종류	운전방법	흡수방식	특 징
자동형	펌프에 내장 또는 부속된 센서 등에 의해 수압, 유량, 수위 등의 조건 변화를 감지하여 자동적으로 펌프의 운전을 함	정압형	수량이 적으면 압력이 높고 사용 수량이 많으면 압력이 낮아지는 경향이 있어서 수압의 변동이 큼. 저가격
		감압밸브형	내장된 감압밸브를 이용하여 일정 사용 수량까지는 같은 압력으로 사용할 수 있음. 중가격
		회전수제어형(추정 말단 압력 일정 · 토출압력 일정)	인버터에 의해 사용 수량에 맞는 회전수 제어를 함. 모터의 회전 낭비를 줄여서 소비전력을 절감할 수 있음. 고가격
비자동형	스위치의 ON · OFF 등 수동조작에 의해서만 펌프의 운전을 실시		

3.2.7 제어장치

· 시스템을 제어한다.

□ '제어장치'의 역할

'제어장치'란 빗물활용 시스템 전체를 제어하여 안전하고 편리하게 시스템 운용을 하는 장치입니다. 저장조 내의 수위 감지, 물의 보충, 펌프의 운전 등 다양한 조작을 연계시켜서 빗물활용 시스템을 효율적이고 안전하게 가동시키기 위해서 필요한 장치입니다.

□ '제어장치'의 타입

제어장치에는 전기신호로 자동제어를 하는 것이 많지만, 수동조작을 하거나 부력 등을 이용해서 시스템을 제어하는 것도 제어장치라고 합니다. 살수 타이머나 자동 관개장치도 제어장치의 하나입니다.

'제어부품'

- 수위 감지나 물 보충과 같은 각각의 제어부분에 부가해서 사용된다.
- 전자밸브, 수위감지기 등이 있다. 각각의 제어기능과 함께 연계할 수 있어야 한다.

'제어판'

- '제어부품'을 연계한 시스템 전체를 제어한다.
- 제어기판, 조작기판 등이 있다. 각각의 시스템에 맞춰서 설계되고, 시스템 가동상황 표시나 이상경고도 표시한다.

□시스템 제어방법

빗물저장조 내의 수위를 감지하여 그 수위에 따라 펌프에 전기가 공급되어 물공급(보충수) 밸브의 개폐 등을 하는 제어방법이 일반적입니다. 대형 시설에서는 초기 빗물 제거 때문에 강우감지기와 취수 밸브를 연동시키거나 일정 시간마다 저장한 빗물을 순환시켜 정우를 하는 등의 사례도 있습니다. 일기예보와 연동하여 저수조 내 수위를 제어하고, 휴대폰으로 취수 · 배수의 조작을 실시할 수 있는 제어 시스템도 개발중입니다.

수위변화에 의한 시스템 제어 예

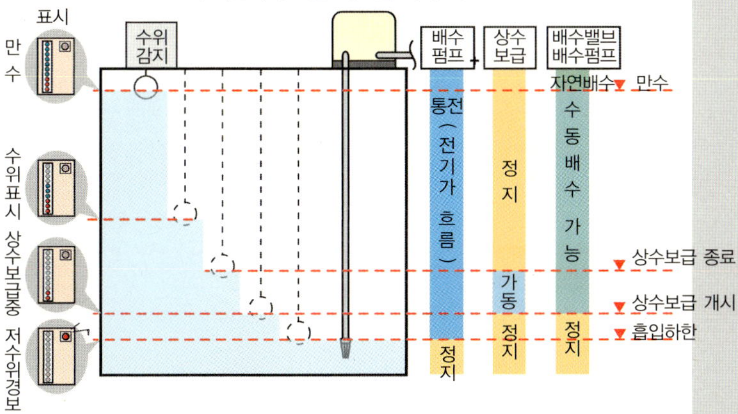

□ '제어장치' 의 주의사항

- 방진 또는 방수 처리, 감전 등의 안전조치를 한다.
- 시스템의 가동상황이나 이상경고를 표시할 수 있도록 한다.
- 정기적인 점검이 필요하다. 필요 시 제조회사나 전문가에게 점검을 의뢰한다.
- 빗물이 부족하여 빗물저장조에 수돗물 등으로 보충할 경우, 강우 시의 저장공간을 유지하는 보충방법이나 보충량의 제어가 필요하다.
- 빗물저장조에 수도를 연결하여 급수할 경우는 '급수장치의 구조 및 재질 기준에 관한 조례' 등의 법령을 따르고 역류 방지 조치나 토수구(吐水口)공간을 확보한 후의 제어가 필요하다.

Q : 빗물탱크나 저장조에 모인 빗물양을 어떻게 확인하나요?

A : 지상 물탱크의 경우는 상부의 뚜껑이나 캡으로 확인할 수 있습니다. 매설형의 저장조는 수위계를 설치해서 확인이 가능합니다. 물탱크 내의 수위와는 다르지만 빗물배관에 수량계를 붙여 두면 빗물을 이용한 양을 알 수 있습니다.

물탱크 내에 수돗물 등을 보급해서 이용할 경우 보급측에도 수량계를 달아서 빗물만의 이용량을 산출할 수 있습니다.

빗물을 하수도배수로 흘려보낼 경우, 빗물의 배수량을 측정할 수 있는 기구(수량계 등)의 설치를 의무화한 자치단체도 있습니다.

Q : 전기를 사용하지 않고 제어할 수 있나요?

A : 수위차나 수압, 부력을 이용한 간단한 제어방법이 있습니다. 볼탭[78]은 부력을 이용해서 물을 멈추는 가장 단순한 제어방법입니다. 또 태양광발전과 펌프를 연동시켜 태양광이 강할 때만 펌프가 가동해서 물을 살수하는 시스템도 전기를 사용하지 않는 제어방법입니다.

Q : 화장실이나 세탁용으로 사용할 때 빗물이 모자라면 어떻게 하나요?

A : ① 수돗물 등으로 대체하거나 ② 빗물저장조에 수돗물 등을 보충하는 방법이 있습니다.

: ①은 미리 빗물을 이용하는 곳에 수도배관을 해두고 빗물이 부족할 때 수돗물로 연결해 대체합니다.

②는 저장조에 수돗물 등의 보충용의 배관을 해두고 빗물이 없어지면 일정량의 물을 자동 또는 수동으로 보충합니다.

①·②의 경우, 오염 방지를 위해서 수도관과 빗물관을 직

접 연결하지 않습니다 (크로스 커넥션의 금지). 저장조 내의 최고수위나 근접벽과 토수구와의 사이에 법령에서 정해진 공간(토수구 공간)을 설치합니다. 또 역류 방지 조치를 하는 것이 필수입니다. 이러한 경우, 배관에 관한 조례 등이 있는지 자치단체에 문의할 필요도 있습니다.

또한 ②의 경우, 수돗물 등을 보충해도 저장조 내에 일정량 이상의 빗물 저장공간을 남겨 놓을 수 있도록 고려합니다. 그렇게 하지 않으면, 비가 왔을 때 저장공간이 없어서 빗물을 버리고 수돗물을 사용하는 셈이 됩니다.

Q : 게릴라 집중호우 시 어떻게 하면 빗물 유출량을 억제할 수 있나요?

A : 비가 오기 전에 저장하고 있는 빗물을 일정량 배수하고 비가 올 때에 최대한의 빗물을 모을 수 있도록 제어하는 것이 중요합니다. 또 저장조에 수돗물 등을 보충할 경우, 반드시 저장공간을 남겨서 보충하는 제어도 중요합니다. 이와 같은 제어방법도 필요하지만, 빗물을 사용하는 것뿐만 아니라 건물로부터의 빗물 유출억제를 우선적으로 고려하여 저장조의 크기를 정해두는 것이 중요합니다.

3.2.8 침투장치

· 비를 침투시킨다

□ '침투장치'의 역할

빗물을 대지에 '되돌리기' 위한 장치가 '침투장치' 입니다. 건물 등으로 지면을 덮어버리면 대지가 원래 가지고 있는 빗물을 유지하고 침투시키는 기능을 방해하게 됩니다. 따라서 그것을 보충하기 위해 침투장치를 설치합니다. 장치 자체는 아니지만 정원에 만든 빗물연못이나 빗물을 이용한 비오톱도 빗물을 대지에 '되돌리는' 침투장치의 역할을 합니다.

□ '침투장치'의 종류

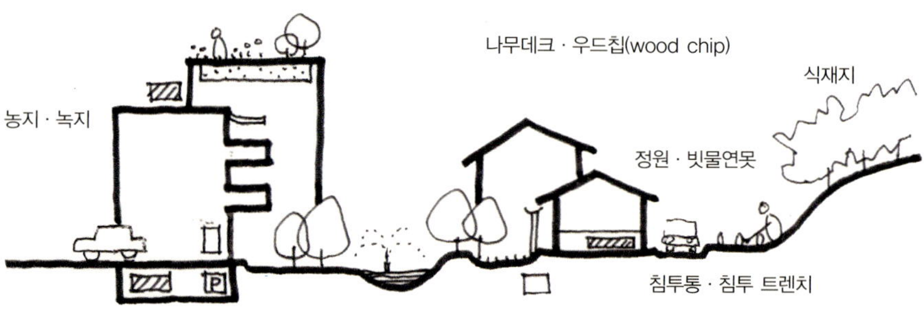

□ '침투장치'의 종류

'침투통'

- 포러스 콘크리트 역자주 : 친환경적으로 공극이 있는 콘크리트
- 콘크리트
- 플라스틱

'침투 트렌치'

- 포러스 콘크리트
- 콘크리트
- 플라스틱

침투줄눈

'투수성 포장 등'

□ '침투장치'의 주의사항

- 산사태 방지 구역이나 급경사지 붕괴위험 구역 등 법령으로 정해진 규제구역에는 설치하지 않습니다.
- 델타지대와 같은 퇴적지, 경사면에 가까운 장소나 주변환경에 위험을 미칠 수 있는 장소 등에는 설치하지 않습니다.
- 침투가 어려운 점토질 토양을 제외하면 시간이 걸리지만 침투는 가능합니다.
- 지표면 아래에 쇄석을 깔아서 공극을 만들면 배수가 좋아져 침투에도 도움이 됩니다.
- 투수성 포장은 막히기 쉬우므로 1년에 한 번 정도 유지관리를 합니다.
- 배수불량 토양의 경우에는 토양개량을 해서 침투기능을 향상시키는 방법도 있습니다.
- 움푹 팬 땅에는 낙엽 등이 쌓이기 쉬우므로 정기적으로 청소를 합니다.
- 차도배수는 차량 등으로부터의 오염물질이 들어가서 침투될 수 있습니다.
- 우드 칩(나무 부스러기) 등의 자연소재는 정기적으로 추가 또는 교체합니다.
- 연못 · 비오톱의 바닥에 점토를 사용할 경우에는 수생생물에 기인하는 누수가 발생하지 않는지 점검관리합니다.
- 토양을 단립화(團粒化)[58] 시키면 침투성을 높일 수 있습니다

Q & A

Q : 침투통, 침투 트렌치란 무엇인가요?

A : 침투통 · 침투 트렌치는 모두 빗물을 땅속으로 침투시키는 장치입니다. 침투통은 통의 측면이나 바닥으로부터 땅속에 빗물을 침투시키는 것으로 투수성 콘크리트(포러스 콘크리트), 콘크리트, 수지제가 있습니다. 침투 트렌치는 통과 통에 구멍을 뚫은 파이프로 연결하여 파이프 구멍을 통해 침투시키는 것입니다. 침투통이나 침투 트렌치의 주위에 쇄석을 깔아서 완성합니다.

Q : 침투통이나 침투 트렌치는 스스로 시공할 수 있나요?

A : 설치에 필요한 도구[삽(scoop)이나 배관 접속 공구 등]가 있으면 스스로 시공할 수 있습니다. 침투통이나 침투 트렌치관은 홈 센터 등에서도 구입할 수 있습니다.

침투통의 시공방법을 예로 들면, 삽 등으로 굴착한 구멍의 바닥에 모래를 넣고 투수 시트를 전면에 깐 후 쇄석을 조금 충전합니다. 구멍의 중앙부에 침투통을 안정되게 설치해 빗물배관을 접속합니다. 그 후, 침투통의 주위에도 쇄석을 충전하고 쇄석을 투수 시트로 덮은 뒤, 상부를 굴착토를 사용하여 땅을 평평하게 해서 완성합니다.

Q : 빗물을 침투시키면 안 되는 지역이 있나요?

A : 산사태 방지 구역이나 급경사 붕괴위험 구역 등, 법령으로 정해진 규제구역에는 설치할 수 없습니다. 또 지하수 수위가 높고 침투능력이 낮은 델타지대와 같은 충적지나 경사지에 가까운 장소, 주변환경에 위험요소가 있는 장소 등에도 적용할 수 없습니다.

Q : 빗물이 침투하기 어려운 토양의 경우는 어떻게 하나요?

A : 침투가 어려운 점토질 토양을 제외하면 시간이 걸리더라도 침투합니다. 지표면의 바로 아래에 쇄석을 깔아서 틈을 만들면 배수가 잘 되어 침투에도 도움이 됩니다.

Q : 주차장을 침투성으로 포장하려면 어떻게 하나요?

A : 주차장을 이용하는 차종, 도로 강도에 따른 노반(도로 지반)의 구성을 고려해야 합니다. 일반적으로 투수성이 다른 각종 포장재를 이용하는 것이 좋습니다. 또 투수성이 없는 포장재를 사용할 경우, 차를 항상 주차시키지 않는 부분, 예를 들어 통행금지선 앞이나 주차장의 흰 선 부분 등을 쇄석처리나 녹지대로 만들면 주차장 전체의 빗물 침투성을 높일 수 있습니다.

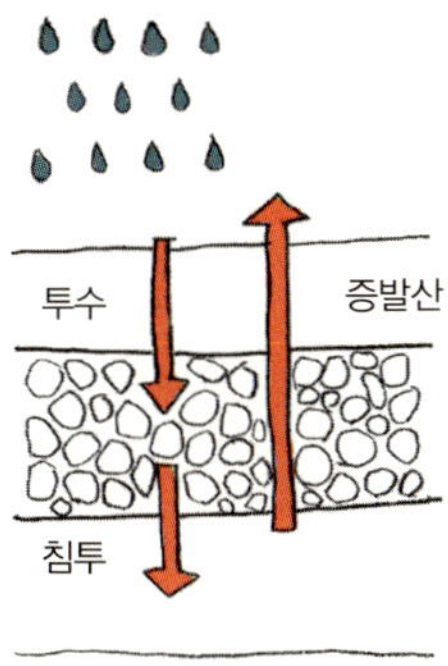

Q : 우리집에서도 지하수를 배양할 수 있나요?

A : 빗물을 땅속에 침투시키면 지하수를 배양하게 됩니다. 일반적으로 침투통이나 침투 트렌치를 설치하여 땅속에 침투시킵니다. 그외에 정원에 만들어진 빗물연못이나 비오톱을 이용해서 침투시키거나, 땅을 조금 파내려가서 정원을 만들고 거기에 빗물을 흘려보내서 정원 전체에 침투시키는 등의 방법도 있습니다.

이러한 빗물 침투는 지하수의 배양뿐만 아니라, 하수도나 하천으로의 빗물유출을 억제할 수 있어서 게릴라 집중호우대책으로도 대단히 유용합니다.

3.3 편성표

'편성표'를 보는방법

빗물을 활용할 때는 여러 기능과 부품을 조합하게 됩니다. 조합할 때에는 어떠한 점에 주의하면 좋은지 확인합니다.

- (파란 물방울) … '빌린다'
- (초록 물방울) … '되돌린다'
- ! … '소재와 장소에 따라 주의가 필요'

	물뿌리기 · 살수 p.46	식물에 물주기 p.50	정원 만들기 p.54
「지붕」→ p.92 □ 비를 받는다	빌린다	빌린다 !	빌린다 !
□ 비를 모은다	빌린다	빌린다 !	빌린다 !
□ 비를 보전한다	빌린다	빌린다	
■ 비를 증발산시킨다	되돌린다		
「홈통 · 배관」→ p.96 □ 비를 유도한다(분배한다)	빌린다	빌린다	빌린다
■ 비를 증발시킨다	되돌린다	되돌린다	되돌린다
■ 비를 침투시킨다	되돌린다	되돌린다	되돌린다
「취수장치」→ p.100 □ 비를 유도한다(분배한다)	빌린다	빌린다	빌린다
□ 비를 구분한다	빌린다	빌린다	빌린다
「빗물탱크 · 빗물저장조」→ p.104 □ 비를 보전한다	빌린다	빌린다	빌린다
□ 비를 구분한다			
「정우장치 · 제균장치」→ p.108 □ 비를 구분한다			
「펌프」→ p.112 □ 비를 유도한다(분배한다)			
「제어장치」→ p.116 □ 시스템을 제어한다			
「침투장치」→ p.120 □ 비를 침투시킨다	되돌린다	되돌린다	되돌린다

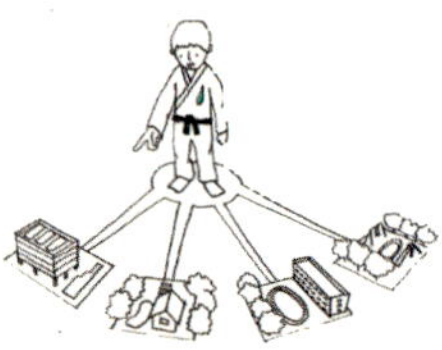

정우레벨

II		III				IV	
빗물 비오톱	세정	화장실	온방 · 양방	비축용수	세탁	목욕 · 샤워	음용 · 세면
p.58	p.62	p.66	p.70	p.74	p.78	p.82	p.86

지붕을 적시는 빗물 난젠지(南禪寺) 교토

길가의 용수(湧水) 오스트리아의 브레겐츠(Bregenz)시

마을을 촉촉히 적셔주는 빗물

비는 지붕과 길가를 씻어서 마을을 깨끗히 해준다.
광장의 용수(湧水)와 길가에 흐르는 빗물 소리가 마을을 활기있게 해준다.
검정 화강암은 빗물에 젖어서 아름답게 투영된다.
작은 분수와 하천의 징검다리가 손발을 시원하게 해준다.
강과 연못의 물은 주변 기온을 조절해서 우리들의 마음을 여유롭게 해준다.
마을에 빗물을 천천히 흘려서 즐기는 것은 하천의 급격한 물의 증가를 줄이고 경제적인 하천 조성에도 기여한다.

길가의 빗물에 의한 시냇물

젖어서 투영되는 검정 화강암 독일의 미헬슈타드(Michelstäd)시

용수(湧水)가 나오는 하천에 발을 담그고 스케치를 하고 있는 중학생 겐베강(源兵衛川) 미시마 시(三島市)

제4장 '빗물로 마을조성'

이 장에서는 마을에서 보여지는 다양한 장소에 어떻게 '빗물활용'을 할 수 있는지를 국내 및 해외 사례를 통해서 소개합니다. 더 나아가 '빗물활용'을 실천하기 위한 제도정비, 환경학습 그리고 시민이나 자치단체의 활동에 대해서 소개합니다 .

4.1 '우리 마을에서 할 수 있는 것'

• 마을에서 가능한 빗물활용 장소

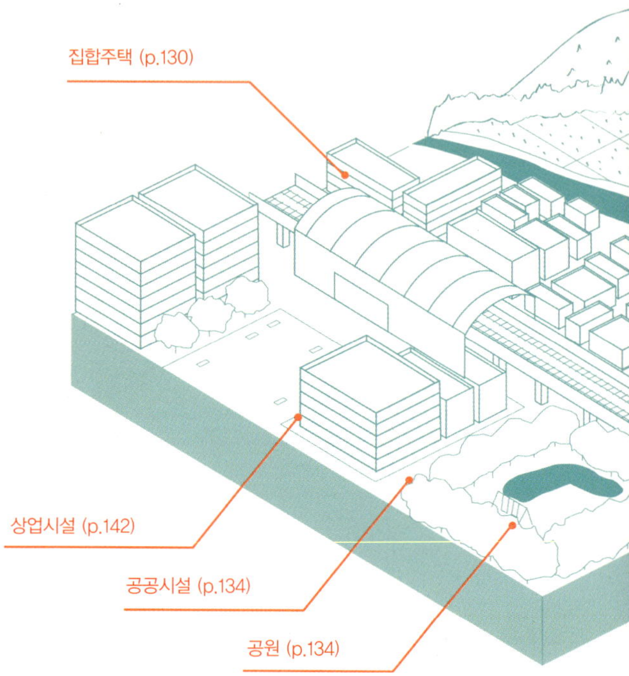

'우리 마을' 에도 빗물활용에 관련되는 시설이 많이 있습니다. 이 장에서는 몇 가지 국내 및 해외 사례를 소개하고, 새롭게 시설을 만들 때 어떠한 빗물활용 방식을 도입할 수 있는지, 또 실제로 그 시설을 활용하는 사람들이 어떠한 빗물활용 방식을 필요로 하는지를 구체적으로 소개하고 있습니다.

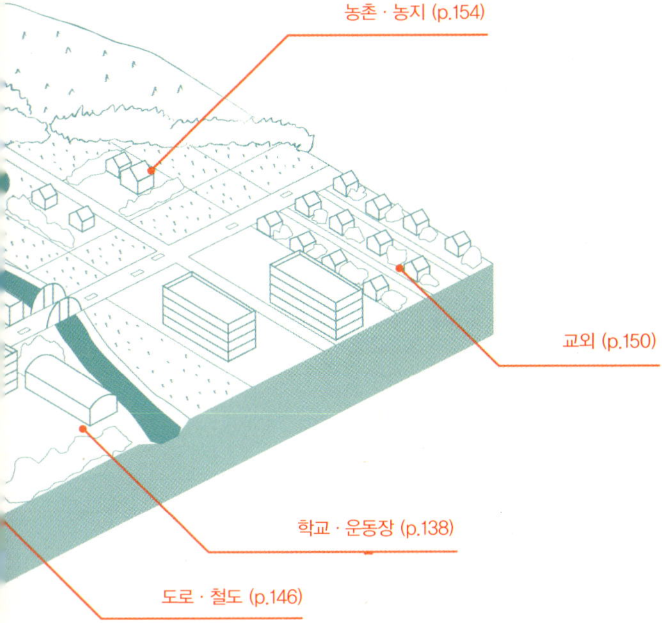

이 장에서의 빗물활용 사례에서는 '누가 주체가 되는가?' '어떤 방식이 가능한가?'를 주로 소개합니다. 이제부터 소개하는 각 시설에도 단독주택을 대상으로 소개한 3장의 다양한 '용도', '부위'를 도입할 수 있습니다.

하지만 여기에서는 그 시설의 사용방법이나 사용하는 사람들, 규모에 따른 특성 등에 의한 그 시설만의 빗물활용방법을 소개합니다.

4.1.1 집합주택

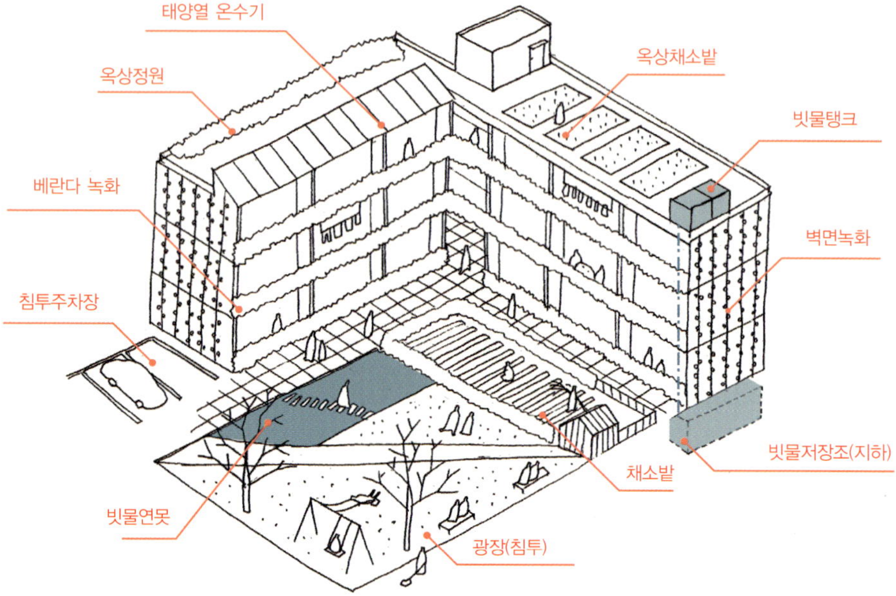

*1 : 전용부분이란 주거 내부에 한정되며 실외는 공용부분입니다. 발코니 등은 거주자가 전용 사용권을 가집니다.

*2 : 기존의 집합주택에 빗물탱크를 설치할 경우에는 내진하중, 관리구분, 구분 소유의 평등성, 피난경로등과 관련된 설치장소, 설치장소에 문제는 없는지 등을 잘 검토하는 사전 합의가 필요합니다.

□거주자나 자치회 · 관리조합에서 할 수 있는 것

집합주택(분양의 경우)에서는 공용부분과 전용부분에 따라 소유권이 구별됩니다*1. 공용부분에서는 3장에 소개한 다양한 방법을 도입할 수 있습니다. 기존의 집합주택도 지상설치형의 빗물탱크를 설치하고 녹지나 채소밭의 물주기, 비오톱 만들기 등도 할 수 있습니다. 더욱이 신축 건물이면 그 선택사항은 보다 넓어집니다. 각 발코니의 빗물탱크 설치는 개인이 하는 경우 몇 가지 문제점이 있습니다*2. 한편, 개발 사업자가 공유시설로 설치하는 시스템일 경우 문제점은 줄어듭니다. 따라서 단독주택에 비해 많은 빗물을 활용할 수 있는 집합주택에는 기존의 관리조합 혹은 개발사업자에 의한 적극적인 추진활동이 기대됩니다.

□ '집합주택'의 특징과 손쉽게 도입하는 방법

• 정원(외부 공용부)

물뿌리기나 살수 및 식물 물주기를 할 수 있습니다. 또 정원 만들기의 일환으로 빗물연못을 만들어 경관을 멋지게 할 수 있습니다. 정원의 넓은 면적을 살려 침투구역을 도입하는 것도 효과적입니다. 애완동물용의 샤워 및 배설물을 버리는 화장실에도 빗물을 사용합니다.

• 지하

집합주택을 신축할 경우, 지하에 대형 빗물저장조를 설치할 수 있습니다. 이 빗물을 공용화장실, 비상용의 비축용수, 나아가 외부의 살수 등에도 이용할 수 있습니다.

• 옥상

옥상은 빗물을 모아서 대형 저장조에 쉽게 넣을 수 있습니다. 또 옥상녹화의 토양 밑에 팔레트 형태의 저장장치를 설치하여 물주기 등에 직접 활용할 수 있습니다. 옥상녹화는 빗물의 유출억제나 열섬화(heat island)대책으로도 중요한 역할을 합니다. 단, 개축하는 경우 옥상녹화나 저장장치에 따른 하중이 부가되는 점에 주의해야 합니다.

• 벽면

벽면을 녹화함으로써 도시 열섬화대책으로 유용합니다. 또 옥상녹화에 비해 시각적으로 효과적입니다. 옥상 위에 빗물탱크를 설치하여 위치에너지만으로 효율적인 물주기가 가능합니다.

• 가정

신축 시에 빗물활용을 하는 방식이면 발코니의 플랜터(flower planter) 식물의 물주기나 살수 · 물뿌리기 등에 활용할 수 있습니다. 또 베란다 등 지붕이 없는 장소라면 저수형 (바닥이 이중구조)의 플랜터를 설치하여 빗물을 직접 모아서 이용할 수도 있습니다. 또한 세탁, 화장실, 목욕에도 이용할 수 있습니다.

'빗물을 이용한 애완동물용 설비가 있는 맨션'(사진은 세면장과 샤워)

사업주체 : (독)도시재생기구 서일본지사
설계 : (독)도시재생기구 서일본지사 기술감리부시가지설계팀
마스터아키텍트 : 에가와 나오키
배치기본계획 · 기본설계 : 현대계획연구소 오사카사무소
15 · 16호동/기본설계 실시설계 : (주)쇼와설계(준공2006년)
17호동/기본설계 : 현대계획연구소 오사카사무소
실시설계 : (주)타카하시우에다 설계사무소(준공2008년)

□도시적인 수경관과 자연환경형 수경관을 연결한 빗물활용

수경시설 개념도

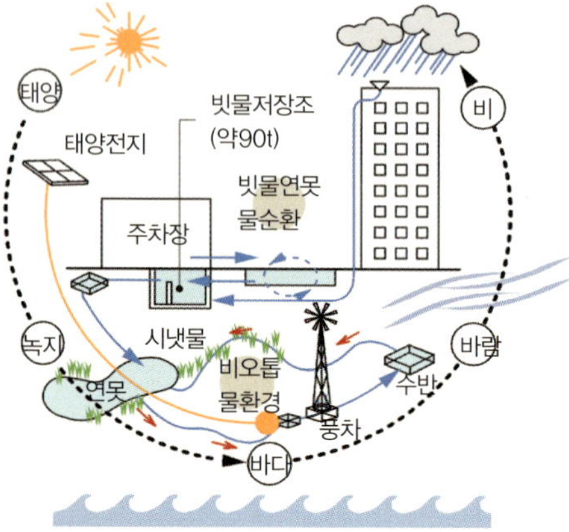

건물에 내린 빗물을 주차장 지하에 저장하고 안뜰의 빗물연못이나 보행자 전용로의 비오톱 수원으로 이용할 수 있습니다. 빗물은 연못에서 먼저 이용한 후 비오톱으로 흘러가게 합니다. 이것은 한 번 사용한 물을 수생식물이나 미생물 등의 자연정화 작용을 이용해 다시 깨끗한 상태로 해서 되돌리는 구조로 되어 있습니다. 비오톱은 태양열이나 바람 등의 자연에너지 이용이나 녹피율(녹지피복률)을 높이는 것으로, 환경부하를 줄이고 식물이나 작은 생물이 서식하기 쉬운 환경을 조성하여 거주자 간의 커뮤니케이션 장소를 생기게 합니다.

프로젝트명 : 뉴라이즈시티 도쿄 베이하이라이즈
소재지 : 도쿄도 에도구
사업주 : 쿄와부동산(주)
랜드스케이프 디자인 : (주)배경계획 연구소
규모 : 총호수-357호
대지면적 : 9,751㎡
준공 : 2006년

□ '빗물건축 가이드라인'을 바탕으로 설계한 기숙사

도쿄(東京) 오타구(大田區)에 있는 기숙사는 일본건축학회 《빗물활용건축 가이드라인》을 기본으로 하여 설계했습니다. 빗물활용 부분은 비오톱, 정원수 물주기, 옥상녹화입니다. 선홈통의 취수 필터에 의한 초기 빗물제거, 건물 기초의 일부를 다층형의 저장조로 하여 침전기능을 높였고 빗물과 수도의 표시를 구분했으며, 배수의 역류 방지 밸브 등 다양한 면에서 가이드라인을 기본으로 하여 만들었습니다. 여자기숙사에 이어 남자기숙사도 같은 방법으로 만들었으며, 비상 시에 빗물을 사용할 수 있는 화장실도 설치되어 있습니다.

프로젝트명 : 성 프란시스코 아동 기숙사 자립의 집
소재지 : 도쿄도 오타구, 일본
설계 : (주)설계계획 수계 디자인연구실
규모 : 목조지상2층, 연면적 492㎡
준공 : 2008년 12월

ㅁ마을 전체의 유출억제(한국)

스타 시티라는 주상복합빌딩입니다. 지하에 1,000m^3의 콘크리트제 물탱크 세 개가 설치되어 있습니다. 첫 번째는 홍수대책용, 두 번째는 공원의 살수나 화장실에 이용하는 절수용, 세 번째는 방재용으로 스타 시티나 주변 건물의 소방용수로 이용할 수 있습니다. 빗물 활용량은 연간 40,000톤으로, 이것은 입주세대의 연간 물사용량의 20%에 해당합니다. 한국의 자치단체(수원시 등)가 활발하게 빗물활용 시스템을 도입하는 계기가 되었고, 우수사례로 2010년 IWA*1로부터 표창(PIA Award) 을 받았습니다.

프로젝트명 : Star City
소재지 : Seoul Korea
사업주 : Kwangjin-Gu, Seoul, Korea
설계 : MyungSun Engineering Co., Rainwater System : Prof. Han
시공자 : Konkuk AMC, Posco E&C
규모 : 62,505m^2
바닥면적 : 16,868m^2
준공 : 2007
HP : http://www.starct.co.kr/
http : www.u-starcity.co.kr/

*1 IWA : International water Association
Illustration : Prof. Han, The Rainwater Resrarch Center(RRC) at Seoul National University

ㅁ물의 흐름을 보여주는 단지재생 프로젝트(스웨덴)

황폐지구의 지속가능성을 테마로 한 프로젝트입니다. 호우 때는 합류식 하수도의 오버플로(overflow)[14]에 의한 침수가 발생하기 때문에 '멀리 흘려보낸다' 보다 침투 등의 '지역내' 에서의 해결을 목적으로 하고 있습니다. 30ha에 해당하는 공공정원이 재생되어 연못이나 수로, 도랑, 식물이 있는 시냇물에서 비의 흐름이 한눈에 볼 수 있도록 설계되었고, 침투지역이나 식물에 의한 정화 시스템도 도입했습니다.
또 대규모 옥상녹화를 도입하여 빗물 유출의 70%를 억제하고 있습니다.

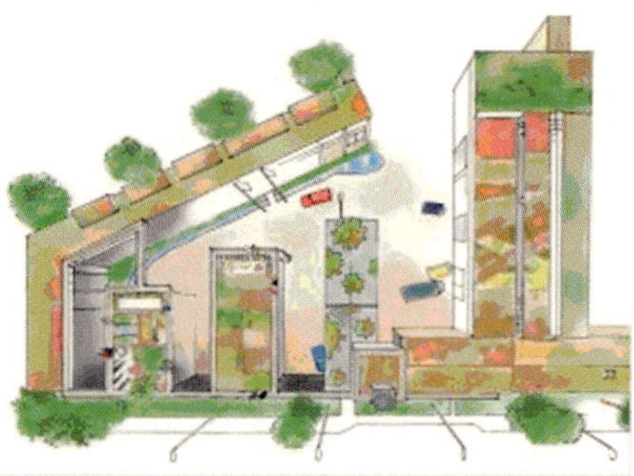

프로젝트명 : Augustenborg
소재지 : Malmö, Sweden
사업주 : City of Malmö
설계 : Ekostaden
규모 : 32ha
준공 : 2005
www.greenroof.se

Illustration : Lars Ransheim

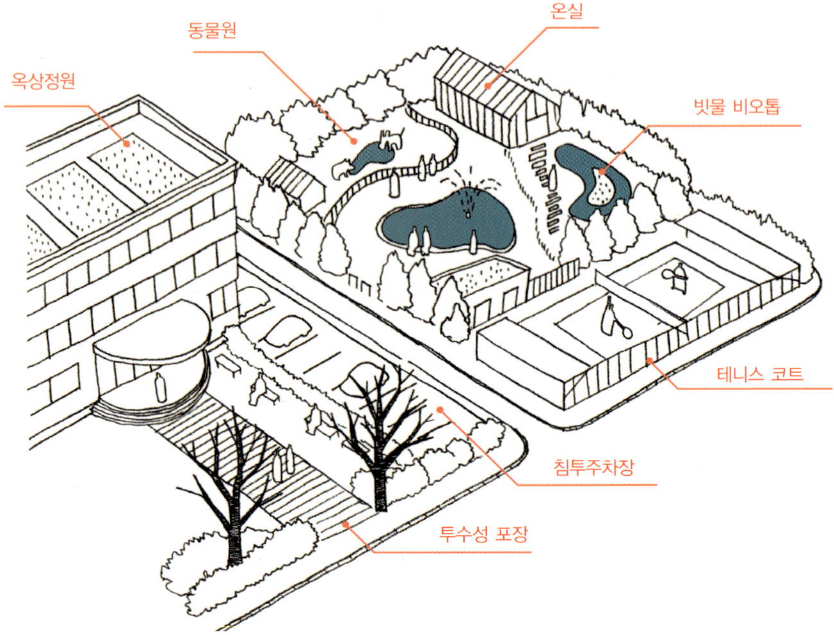

ㅁ자치단체에서 할 수 있는 것

자치단체가 가지는 공공건축이나 공원은 넓은 면적뿐만 아니라 다양한 사람들이 모인다는 특징이 있습니다. 그 때문에 적극적으로 빗물활용의 모델을 선보일 수 있습니다. 게다가 실제 효과 측정이나 이용자의 감상 등을 모아 더욱 좋은 사례를 만들어 낼 수 있습니다. 또 재해 시의 대피시설로써 기능하는 시설은 비축 빗물을 저장하는 곳으로 알맞은 장소입니다. 따라서 빗물을 단순히 지하 등에 모을 뿐만 아니라 한눈에 보이는 형태로 도입하여 방문하는 사람들이 쉽게 알 수 있도록 하는 것이 중요합니다.

□ '공공건축 · 공원'의 특징과 손쉽게 도입하는 방법

공공건축에서는 이미 빗물활용을 의무적으로 도입하여 화장실 용수의 이용, 식물 물주기, 지하침투나 유출억제 등을 많이 추진하고 있습니다.

• 화장실

배수와 함께 재생 이용하는 것이 아니라 빗물저장조를 독립시켜서 처리비용을 줄일 수 있습니다. 빗물저장조는 정류판을 많이 넣은 구조로 하여 침전능력을 높이도록 합니다.

• 옥상녹화 , 녹화 플랜터(flower planter), 녹지

식물의 물주기에는 정우(整雨) 레벨을 필요이상으로 올리지 말고 그대로 사용하는 것이 좋습니다. 빗물에는 식물이 필요로 하는 물질도 포함되어 있습니다. 살수는 관개(물공급) 파이프를 이용하고 스프링클러는 피합니다.

• 주차장

면적이 넓으므로 유출억제, 지하침투, 증발산을 적극적으로 실시할 수 있습니다. 되도록 아스팔트를 피하고 녹화에 주력하여 비가 내린 장소에서 저장할 수 있도록 하면 좋습니다.

• 연못, 비오톱

일시적으로 저장하는 역할도 하므로 적극적으로 도입합니다. 연못 밑에 저장조를 설치하면 큰 용량을 확보할 수도 있습니다.

• 빗물연못

비가 올 때 일시적으로 빗물을 모으는 장소가 됩니다. 놀이터로도 경관지로도 이용할 수 있습니다.

• 광장, 운동장

조정지(調整池)로서의 기능이 있습니다. 운동장은 배수를 좋게 함과 동시에 보수(保水), 침투할 수 있게 만듭니다. 경우에 따라서 지하저장조도 설치합니다.

• 빗물학습

빗물활용 시스템을 알리는 표지판 등을 적극적으로 설치하여 이용자에 대한 계몽과 동시에 효과검증 등도 적극적으로 실시하는 역할을 합니다.

□빗물을 활용한 공공청사

도쿄(東京) 세타가야구(世田谷區)는 환경보호활동을 추진하고 있는 자치단체의 하나로 새로운 공공건축에서의 녹화나 빗물활용을 적극적으로 추진하고 있습니다. 기누다(砧) 종합출장소에서는 600㎥의 빗물저장조를 가지고 있지만, 2010년 여름 갈수기에는 빗물저장량이 바닥을 보였습니다. 이 빗물 용도는 화장실 세정용수입니다.

프로젝트명 : 세타가야구 기누다 종합출장소 세이죠 홀
소재지 : 도쿄도 세타가야구, 일본
설계 : 상화기술연구소
규모 : RC조 지상4층~지하1층
바닥면적 : 7,713㎡
준공 : 2009년 3월

□ '보이지 않는 저수지'

도쿄도(東京都)에서는 공원 녹지공간을 이용해서 저장 침투시설을 설치하고 있습니다. 도립 무사시노(武藏野) 공원은 가로수의 묘목을 기르는 육성지의 역할을 하고 있습니다. 단순히 숲으로 보이는 장소가 사실상 '보이지 않는 저수지'의 역할을 하고 있습니다. 방대한 침투지를 낮은 제방이 둘러싸고 있으며 큰비가 올 때에는 일시적으로 저장하면서 천천히 침투시키는 구조로 되어 있습니다. 도내 14군데의 공원 내에 같은 시설이 설치되어 있습니다.

보이지 않는 저수지

ㅁ병원의 절수 및 경비절감을 위한 빗물활용(독일)

독일의 바이에른 지방에서는 위생적인 처리가 특히 필요한 병원에도 빗물활용을 하고 있습니다. 이 병원에서는 세 차례의 개수공사로 외부의 물공급과 화장실용수에 빗물을 이용하고 있으며 살균처리 진공펌프를 위한 폐쇄 시스템에 빗물을 사용하고 있습니다. 2008년에는 연간 3,000m³의 빗물을 이용하여 연간 수도사용량을 1992년의 8만m³에서 6만m³로 줄였습니다. 빗물탱크를 이용하는 경우, 요금감면 혜택이 있는 시의 조례가 있어 경비절감에도 크게 기여하고 있습니다.

프로젝트명 : Bad Hersfeld Clinic
소재지 : Hessen, Germany
사업주 : Martin Koedding
설계 : Heiko Kohlrenken
규모 : 57,275㎡
수리 : 1995, 2001 and 2008

Images : Klinikum Bad Hersfeld(좌), Klaus König(우)

오른쪽사진 : '빗물의 음용금지 라벨이 붙어있는 배관'

ㅁ빗물을 모으는 중앙공원(룩셈부르크)

시가지 재생지구 안에 있는 중앙공원은 랜드스케이프(landscape) 디자인에 빗물 저장요소를 반영하고 있습니다. 포장을 최소한으로 줄였으며 빗물은 부지 내의 건물지붕 및 포장부분으로부터 중앙연못에 모아집니다. 빗물은 넓은 물도랑으로 흘러서 비오톱에 흘러가는 등 다양한 형태로 흘러가고, 쇄석으로 만들어진 지하저장조에도 흘러갑니다. 연못 중 하나는 막자사발 모양의 형태로 주위에 잔디가 펼쳐져 있으며, 호우 시에는 수면이 일시적으로 연못 경계를 넘어 주변영역까지 확대되어 저장되도록 디자인되어 있습니다.

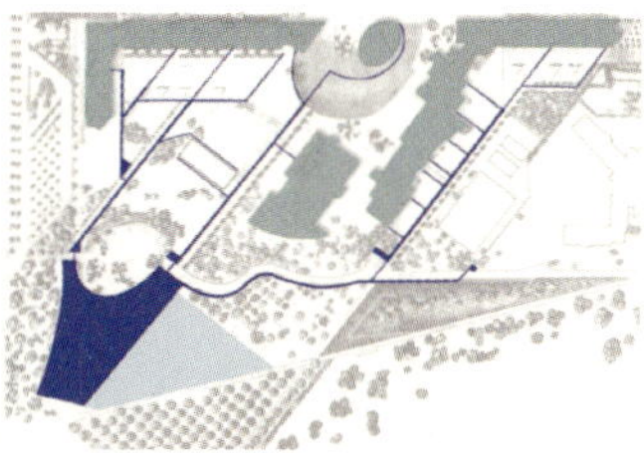

프로젝트명 : Europastadt
소재지 : Kirch-berg Plateau, Luxemburg
사업주 : Fonds d'Urbanisation et d'Aménagement du Plateau de Kirchberg, Ministére des bâtiments publics
설계 : Latz+Partner
규모 : 220ha
준공 : 2006

이미지 : Latz+Partner

오른쪽그림 : '빗물을 흘려보내는 도랑과 빗물을 모으는 연못(진한 파란색 부분)'

4.1.3 학교 · 운동장

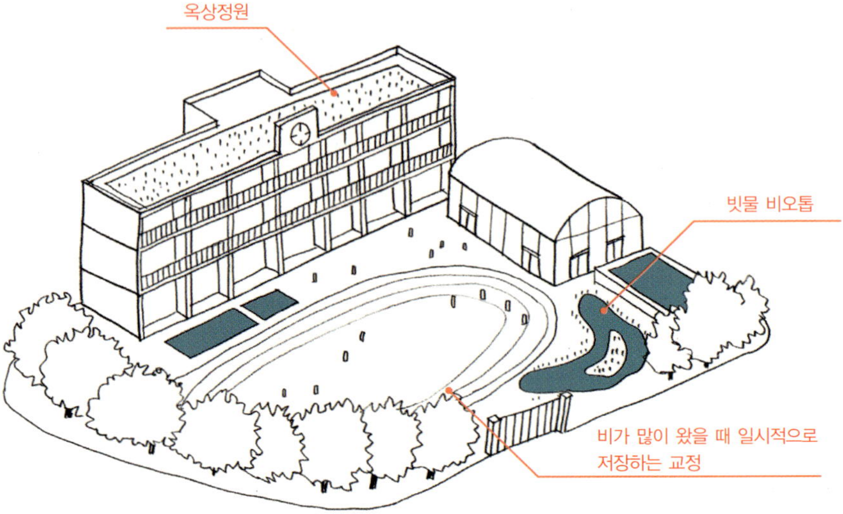

□어린이들이나 선생님이 추진할 수 있는 것

학교 · 운동장은 기본적으로 공공건축 · 공원과 같은 용도의 빗물활용을 도입할 수 있습니다. 여기에서는 학교의 어린이들이나 선생님이 할 수 있는 것을 소개합니다.

먼저 환경학습[20]으로서의 빗물활용입니다. 예를 들어, 빗물 비오톱의 동물이나 벽면녹화의 식물을 스스로 기르는 과정을 관찰하거나 그 효과를 확인함으로써, 빗물과 생태계를 생각해보는 기회를 가질 수 있습니다. 학교 · 운동장은 비가 올 때 거의 사용하지 않으며, 또 큰비가 내린 후에는 바로 사용하지 않으므로 비를 일시적으로 저장하는 장소로 활용을 검토해볼 수 있습니다. 또 지역의 중심시설로써 비상 시의 피난장소로 지정되어 있는 학교도 많기 때문에 비축용수나 비상 시의 음료수 설비시설도 갖출 수 있습니다.

□ '학교 · 운동장'의 특징과 손쉽게 도입하는 방법

• 빗물 비오톱

환경학습 면에서 빗물 비오톱을 설치할 것을 적극적으로 권장합니다. 비오톱에는 물이 필수적인데 수돗물을 끌어오는 것보다 빗물을 이용하는 것이 자연에 가까운 상태를 만들 수 있습니다. 물 순환이 필요할 경우, 풍차 등을 함께 설치하여 풍력에너지를 이용하는 것이 바람직합니다.

• 녹화

많은 학교가 수목 등으로 녹화하고 있는 부분 이외의 환경학습의 하나로 야채밭이나 화단을 설치하고 있습니다. 그곳에 빗물을 이용하면 가뭄에 빗물이 부족한 경우, 자원에는 한계가 있다는 것을 학생들이 스스로 느껴 절수가 필요하다는 것을 배울 수 있습니다.

• 운동장

학교 위치에 따라 달라질 수 있지만 면적이 넓은 운동장을 큰비가 내린 후, 일시적 저장장소로 활용하면 지역 홍수대책으로 유용합니다.

• 수영장

여름에만 이용하는 옥외 수영장의 경우, 그대로 빗물저장조로 이용할 수 있습니다.

• 비상용수로써의 빗물

학교는 재해 시의 피난장소로 대부분 지정되어 있으므로 모포나 비상식품 등의 다양한 용품을 갖추고 있습니다. 따라서 재해 시의 가장 중요한 항목의 하나인 물을 저장할 수 있는 빗물건축이 필수 불가결합니다. 장기적인 피난생활을 해야 할 경우의 일상 용수로써 요구되는 수질은 화장실용수부터 음용수까지 폭넓게 다양한 이용방법이 가능하지만, 무엇보다 빗물저장조의 규모가 중요한 요소가 됩니다. 또 설치방법을 고려하여 가능한 한 평소부터 빗물을 활용하려고 하는 자세가 중요합니다.

프로젝트명 : 후쿠오카대학 축구장
소재지 : 후쿠오카 현 후쿠오카 시
사업주 : 후쿠오카대학
규모 : 9,480㎡
준공 : 2007

축구장 단면도

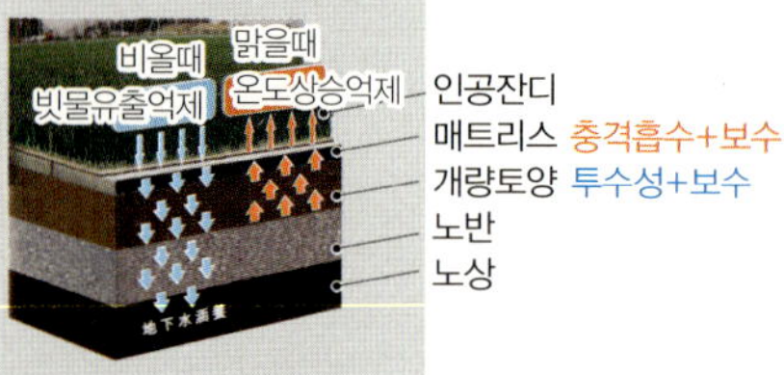

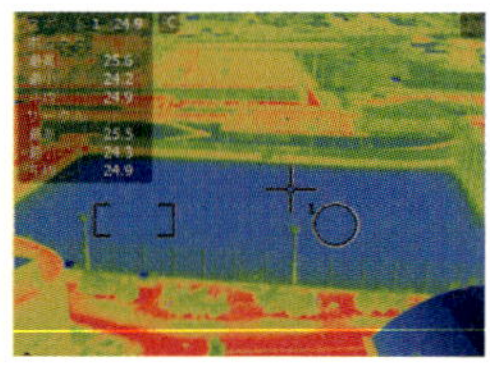

□침투 · 보수(保水)형 축구장

후쿠오카(福岡)대학, 빗물의 유출억제효과와 도시 열섬화(heat island) 방지를 목적으로 침투성 · 보수성을 높인 개량 토양 위에 신형의 인공잔디 축구장을 신설했습니다. 이 운동장은 침투성 · 보수성을 높인 개량 토양 위에 충격흡수와 보수성을 가진 국제축구연맹(FIFA) 인증의 인공잔디 시스템을 도입했습니다. 우천 시 빗물은 매트리스와 개량 토양에 침투, 보수되어 서서히 노반[91] · 노상[90]에 침투되므로 빗물의 유출을 억제합니다. 비가 오지 않을 때에는 보수된 빗물의 기화열[22]에 따른 주변의 온도상승을 억제하는 일석이조의 효과를 가지고 있습니다.

□빗물을 되돌리는 게릴라 집중호우대책

무사시노 시(武藏野市)는 시립 초중학교에 대형 빗물저장 침투시설을 설치하고 있습니다. 게릴라 집중호우에 대한 침수대책으로 하수도국과 교육국이 연계하여 안전하고 안심할 수 있는 도시조성의 역할을 담당함과 동시에, 빗물을 지하에 침투시켜 물환경을 개선하고 식물의 육성, 지하수의 배양 등 자연환경의 보전 및 회복을 추진하고 있습니다.

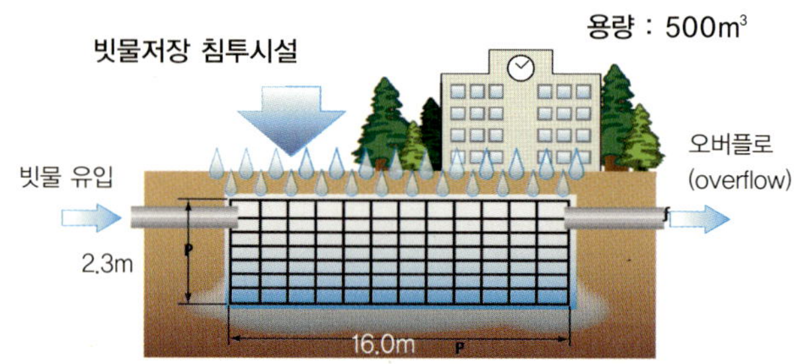

ㅁ초등학교의 복합적 빗물활용 사례

지붕으로부터 모은 빗물을 지하의 저장조에 모아서 화장실이나 정원의 살수, 연못의 보충수로 이용하고 있는 사례입니다. 유출억제를 위해 큰비가 올 때에는 운동장과 연못이 있는 정원에 먼저 빗물을 저장한 후 방류합니다. 빗물은 모두 연못을 경유하고 있습니다. 풍차를 이용해서 연못의 물을 순환, 여과하고 있습니다.

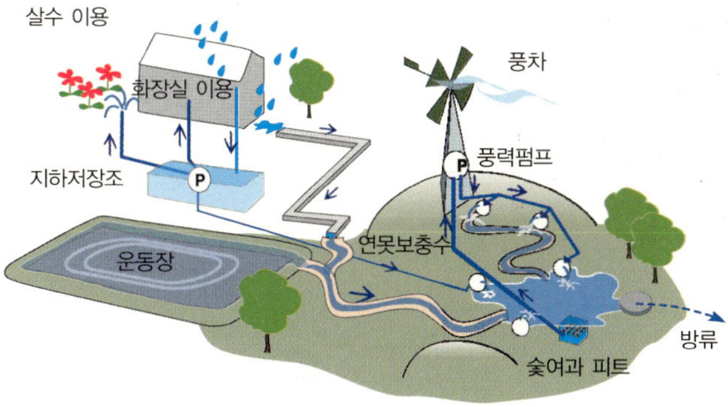

프로젝트명 : 도카이무라 시라가타 초등학교
소재지 : 이바라키 현 나카군 도카이무라, 일본
사업주체 : 도카이무라 동사무소
규모 : 약4.0ha
설계 : INA신건축연구소 · (건물외곽)디자인스타디오카루노
준공 : 2010
그림 : '물순환시스템'

ㅁ학교 지하공간을 이용한 다목적 빗물저장시설

수도권 근교에 새롭게 개발된 지구에 있는 신설 초중학교 운동장의 지하에 빗물저장조를 설치하고 있습니다. 모은 빗물은 평소에는 시냇물로 하천에 흐르고, 재해 시에는 방화용수나 긴급용수로 활용할 수 있습니다.

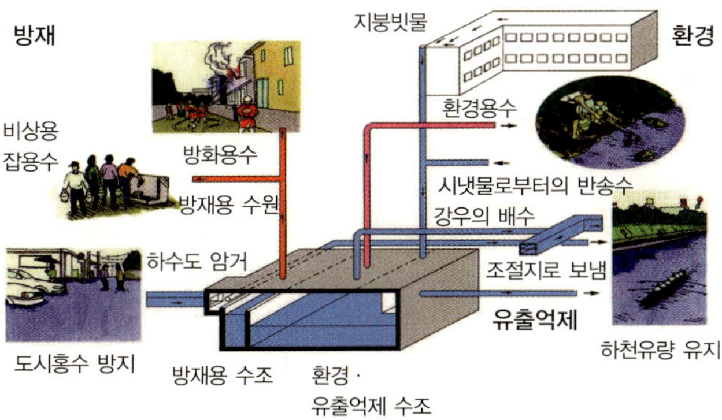

프로젝트명 : 요시카와역 미나미지구 다목적 빗물저장 시스템
소재지 : 사이타마 현 코시가야시
사업주체 : (독)도시재생기구
규모 : 약82.0ha
준공 : 2009

4.1.4 상업시설

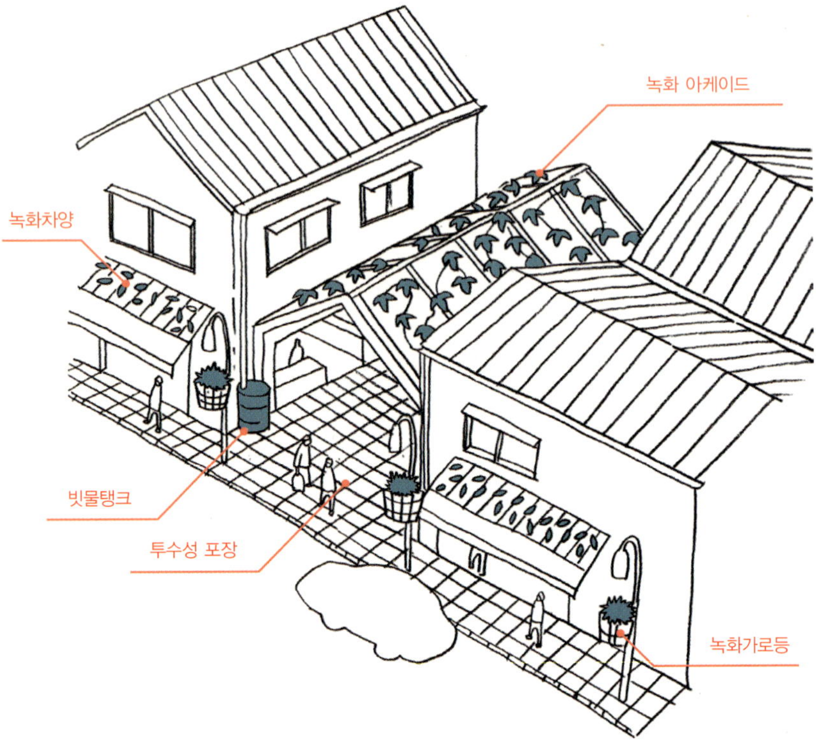

□상점가나 기업에서 추진할 수 있는 것

상점가나 쇼핑몰과 같은 상업시설에서 빗물활용을 도입할 경우, '수돗물 절약' 이라는 빗물활용의 직접적 효과를 얻을 뿐만 아니라 고객유치 목적이나 기업PR이라는 면에서도 유용하게 이용할 수 있습니다. 또 많은 사람들에게 홍보되기 때문에 보급 촉진 효과도 기대할 수 있습니다.

연면적이 3,000m²를 넘는 상업시설은 '건축물의 위생적 환경확보에 관한 법률' *1에 따른 수질기준과 관리체제에 의한 빗물활용이 필요합니다.

□ '상업시설' 의 특징과 손쉽게 도입하는 방법

화장실 이용이나 식물 물주기와 같은 절수 목적과 지하침투나 1차 저장과 같은 유출억제 목적을 위한 도입이 있습니다. 지역에 따

*1 : '건축물 위생법 시행규칙' (1971년 1월 21일 후생성령 제2호)

라서 유출억제 목적으로 빗물활용 도입을 의무화하고 있는 곳도 있습니다.

• 수경시설

분수나 연못의 물로 이용할 수 있습니다. 벽면이나 창면에 흐르는 빛의 변화나 소리를 즐길 수도 있습니다. 분수 등과 같이 빗물을 분산하는 용도에는 제균을 해야 합니다.

• 화장실

화장실용수로 이용합니다. 세면대나 온수세정 변기(비데)에는 수돗물을 사용합니다. 화장실에 빗물을 활용하고 있는 것을 이용자가 알 수 있도록 표시합니다.

• 옥상녹화 · 정원, 벽면녹화, 녹화 플랜터(flower planter), 화단

식물의 물주기에 이용할 수 있습니다. 물주기에는 정우(整雨) 레벨을 필요이상으로 올릴 필요는 없습니다. 살수는 관개파이프를 이용하고 스프링클러는 피합니다.

• 옥외주차장

면적이 크기 때문에 빗물의 유출억제를 우선적으로 고려하여 지하침투나 증발산, 일시적 저장을 적극적으로 실시해야 합니다. 주차장 전체를 조금 패인 형태로 설계하면 호우 시에는 주차장 자체를 일시적 저장조로 이용할 수 있습니다. 침투시킬 경우는 차에서 발생하는 기름 등을 제거해야 합니다. 하중 부담이 없는 부분은 아스팔트 포장을 하지 않고 녹화 등을 하여 빗물의 침투나 증발산을 촉진합니다.

• 냉각용수

건물 내부 공조설비의 냉각수에 빗물을 이용하여 환경부하를 줄일 수 있습니다. 또 건물 주변에 비오톱을 배치하거나 건물 외벽에 빗물을 흘려보내는 등, 빗물을 활용함으로써 내부기온을 낮출 수 있습니다.

□도쿄(東京)의 새로운 심벌

'도쿄 스카이 트리'는 높이 634m로 세계에서 제일 높은 전파탑입니다. 스카이 트리 아래에는 대규모 상업복합시설이 들어서서 2012년 5월에 개장했습니다. 빗물저장조는 도내 최대급의 2,635m³의 규모로 이 중 800m³는 옥상녹화용의 살수나 화장실용수, 태양광 패널의 발전 효율을 올리는 냉각용수로 이용할 수 있습니다.

프로젝트명 : 도쿄 스카이 트리
소재지 : 도쿄도 스이다구 오시아게1쵸우메
건축주 : 토목철도 · 도부타워 스카이 트리
층수 : 지하3층~지상31층
용도 : 전파탑 · 사무소 · 상업복합 시설 등
연면적 : 약 230,000㎡
높이 : 최고높이 634m
설계 · 감리 : 닛켄설계
시공자 : 서쪽 구역 다이세이건설 · 도부다니우치다건설 공동기업체/ 타워 구역 오오바야시구미/ 동쪽 구역 오오바야시구미 · 가부키건설 · 토목건설공동기업체
준공 : 2011년 12월

제공 : 도부철도 · 도부타워 스카이 트리

〈빗물 이용의 집수면적 개요〉

타워	면적(m²)	동쪽구역	면적(m²)
T-465	1,020	E-RF	200
T-370	1,440	E-PH2	253
T-5	860	E-PH1	1,580
		E-9	528
		E-8	347
타워합계	3,320	합계	2,908
		전체합계	6,228

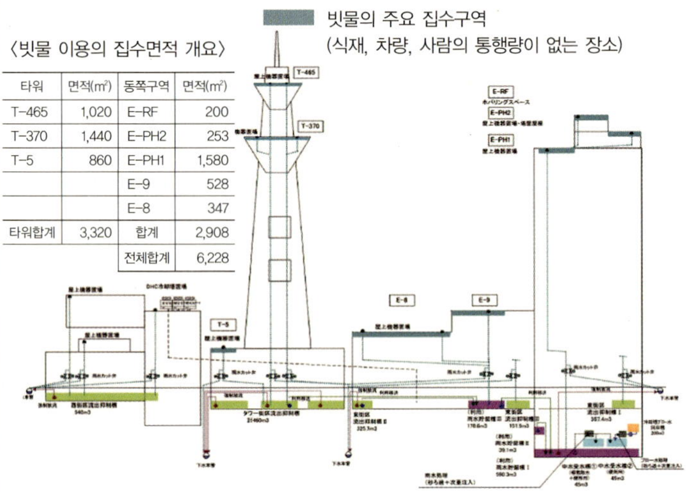

그림 : '빗물집수 및 여과이용 개요 계통도'

ㅁ상점가에서 실시하는 '녹색 차양'

도쿄도 다이토구(台東區) '갓파바시 거리 서쪽 상점가 진흥조합' 은 '환경' '녹색' '갓파 역자주 : 갓파(河童) 또는 가와타로(川太郎) 또는 가와코(川子) 는 일본 민담에 나오는 전설적인 동물이자 물의 요정으로 머리에 빗물을 받는 접시를 쓰고 있음' 를 테마로 한 경관사업으로 '빗물활용' 을 도입하고 있습니다. 2010년 4월, 각 점포의 차양부분에 빗물로 덩굴식물을 재배하는 '녹색 차양' 을 약 200m에 걸쳐 설치했습니다. 빗물저장조의 총량은 약 5,000L이며 각 점포 옆에 있는 수동밸브를 개폐하여 빗물탱크로부터 '녹색 차양' 의 저면급수형 녹화 유닛으로 급수됩니다.

프로젝트명 : '갓파의 마을구상(갓파의 접시가 마르지 않는 환경 만들기)' 다이토구 갓파바시모토대로지역
사업주체 : 갓파바시모토 대로 공서회 상점가 진흥조합
준공 : (주)후지타건장
준공 : 2010년 4월

ㅁ열교환과 정화를 하는 빗물연못(영국)

이 연구에서는 지붕에서부터 빗물이 흘러 들어가는 16,000m²의 인공연못이 설치되어 있습니다. 냉방설비에서 나오는 온수는 연못의 주위에 설치된 폭포를 통과하면서 용존 산소를 늘림과 동시에 냉각되기 때문에, 다시 연못으로 흘러 들어가서 재이용됩니다. 또 연못으로부터의 물은 비오톱으로 정화되어 다시 연못으로 되돌리는 과정을 통해 빗물에 의한 열교환과 더불어 식물에 의한 물 정화 시스템으로도 이용됩니다.

프로젝트명 : McLaren Technology Centre
소재지 : London, England
사업주 : McLaren Group
설계(랜드스케이프 · 물시스템) : Atelier Dreiseitl
설계(건축) : Norman Foster and Partners
규모 : 72,000㎡
준공 : 2004

사진 : 설비에서 나오는 온수를 냉각시키는 폭포

Photos : Atelier Dreiseitl
Copyright Atelier Dreiseitl

4.1.5 도로 · 철도

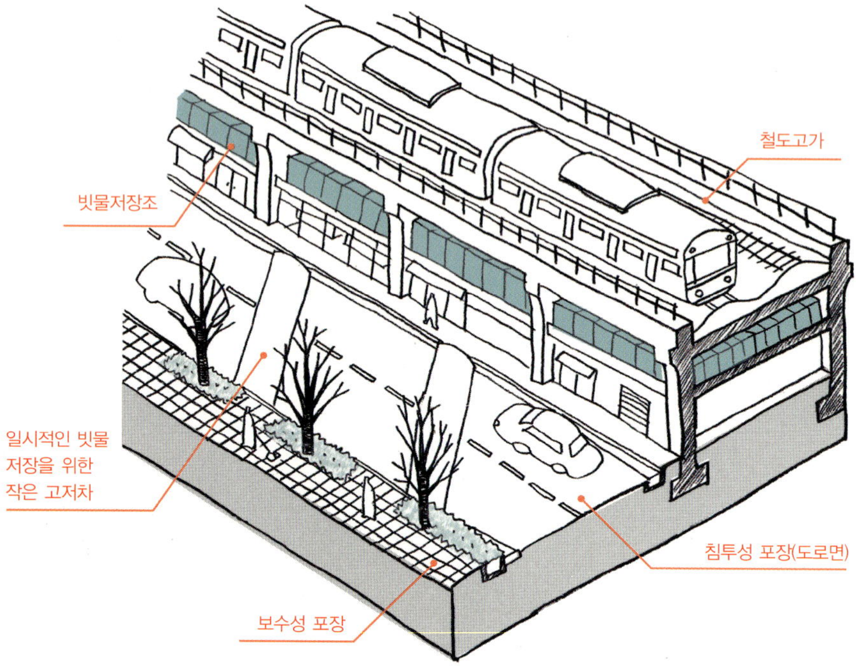

□도로관리자나 철도회사에서 추진할 수 있는 것

마을을 구성하는 주요요소로 '도로 · 철도'가 있습니다. 사람들이나 물건이 오고 가는 역할을 하는 '도로 · 철도'는 도시화가 진행됨에 따라 더욱 넓은 면적을 차지해 왔습니다. '도로 · 철도'에 내린 빗물을 바로 하수도로 배수하지 않고 그 장소에서 침투나 보수(保水)기능을 갖게 하여 빗물 유출억제효과를 얻을 수 있습니다. 또 도로면에 보수기능을 갖추면 도로면의 온도를 낮추어 열섬화(heat island) 현상을 억제할 수 있습니다.

□'도로 · 철도'의 특징과 손쉽게 도입하는 방법

도로나 철도는 대 · 소규모가 있으며, 관리 주체가 공공 또는 민간 등 다양하게 있습니다. 또 고가도로, 지하도로 등 형태의 차이도 있습니다. 이렇게 철도나 도로는 규모나 형태, 관리 주체에 따라 도입할 수 있는 빗물활용방법이 달라집니다.

• 노면

투수성, 보수성(保水性)이 있는 포장재를 이용하면 유출억제효과나 지표면의 온도를 낮추는 효과를 기대할 수 있습니다.

• 주차장

마찬가지로 투수성, 보수성이 있는 포장재를 이용하여 유출을 억제해 지표면의 온도를 낮출 수 있으므로 자동차 이용자에게 쾌적한 주차공간이 됩니다. 또 저장한 빗물은 주차장 외곽의 식물 물주기에 사용할 수 있습니다.

• 고가

고가도로나 선로에 내린 빗물을 고가 아래에 저장하면 유출억제효과가 있고 재해 시의 비상용수로도 이용할 수 있습니다. 또 고저차를 이용한 활용방법도 시행되고 있습니다.

• 철도 역사나 역 앞 광장

철도 역사나 플랫폼에는 대규모 지붕이 있습니다. 그 지붕에 내린 빗물을 모아서 저장하여 화장실용수나 식물 물주기, 물뿌리기나 살수 등에 이용할 수 있습니다. 역 앞 광장의 수경시설로 이용할 수 있습니다.

• 차량기지 등

매일 다수의 차량을 보수 점검하는 차량기지는 대형 지붕으로부터 많은 빗물을 모아서 저장하므로 유출을 억제할 수 있습니다. 모은 빗물은 차량세정, 청소에 이용하거나 기타 차량기지, 외곽의 식물 물주기나 길가 물뿌리기 · 살수에 이용할 수 있습니다.

프로젝트명 : 사이타마현 2010년도 '신제품 · 신기술매칭모델사업'
소재지 : 기타모토 시 혼주쿠2쵸메(3, 4, 7나카센도)
사업자 : 사이타마 현 이타모토 현, 토정비사무소
규모 : 약24m

□신설 도로의 저장 · 침투, 증발

사이타마 현(埼玉縣) 기타모토 시(北本市)의 '걸어다니는 차도의 빗물순환 시스템' 사례입니다. 보도 아래에 빗물저장조를 설치해서 보도, 차도의 노면배수를 유입할 수 있게 했습니다. 오버플로된 빗물은 침투도랑에서 침투시킵니다. 저장한 빗물을 보수포장의 보도 표면에서 증발할 수 있게 되어 있으므로 지표면의 온도를 낮추는 효과도 가지고 있습니다.

보도 · 차도 빗물순환 시스템

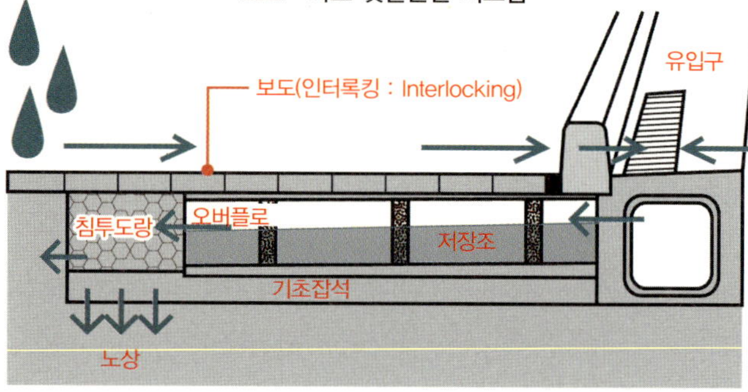

프로젝트명 : 오다큐전철(주)오노종합차량소
소재지 : 가나가와 현 사가미하라 시 남구 히가시린칸
사업주 : 오다큐전철 주식회사
규모 : 1,226㎡
준공 : 2006년

□철도회사 차량기지에서의 빗물활용

철도 차량기지에서의 빗물저장, 침투, 이용 사례입니다. 차량기지의 지하에 빗물저장조를 설치하고 있습니다. 또 차량청소나 세차에도 빗물을 이용하고 있으며 선로 고가부분의 아래 공간을 활용해서 빗물저장조를 설치하고 있습니다.

공장내 전경

저장조

□빗물로 녹지를 재생하는 철도고가 철거지(미국)

고가화물 철도선로의 철거지를 새로운 공공공간으로 재생한 프로젝트입니다. 세계에서 제일 긴 옥상녹화로 빗물의 유출억제, 열섬화(heat island)현상의 저감, 도시 자체에서 생태계를 창출하는 것을 목적으로 하고 있습니다. 플라스틱이나 쇄석의 저장층을 쌓아서 부지에 내리는 빗물 유출의 80%가 절감되도록 하고, 또 그 빗물을 녹지의 물주기에도 사용하도록 설계되어 있어서 물 절약효과도 있습니다. 완성한 후에는 시민의 휴식장소로 인기를 모으고 있습니다.

프로젝트명 : High Line
소재지 : New York, USA
위탁 : The city of New York and Friends of the High Line
설계 : James Corner Field Operations and Diller Scofidio+Renfro
규모 : 2ha
www.thehighline.org

사진 : Rachel Citron

□도로 가이드라인과 광장 재생계획(영국)

크레이그밀러 재개발의 일부로 행해진 광장과 주변도로의 프로젝트입니다. 영국은 Sustainable Urban Drainage Systems(이하 SUDS)이 도입된 지 10년이 넘었지만 적절한 도로의 가이드라인이 없었습니다. 새로운 가이드라인의 작성과 함께, 광장이나 도로에 투수성 포장이나 다공질 아스팔트 등이 실제로 도입되었습니다. 2010년 "SUDS for Roads"에 이 광장이 사례로 소개되었으며, 다양한 공법과 계획 진행방법을 함께 게재하고 있습니다.

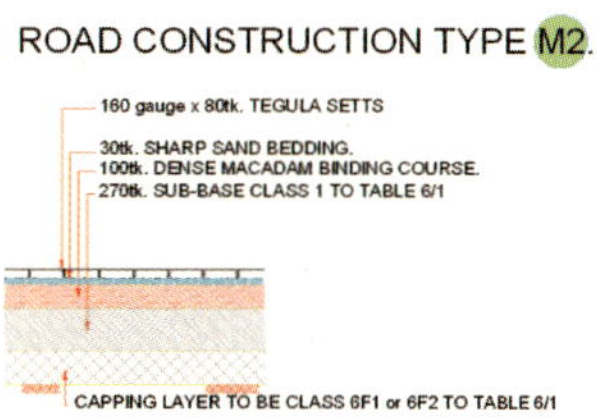

프로젝트명 : Wauchope Square Redevelopment
소재지 : Craigmillar, Edinburgh, Scotland
규모 : 7ha
준공 : 2009

"SUDS for Roads"
저자 : WSP, in cooperation with University of Abertay Dundee
위탁 : the Scottish Environmental Protection Agency(SEPA), the SUDS Working Party and the Society of Chief Officers of Transportation in Scotland(SCOTS)
www.wspgroup.com

왼쪽그림 : '가이드라인에 있는 차도의 침투포장'

이미지 : University of Abertay Dundee

4.1.6 교외

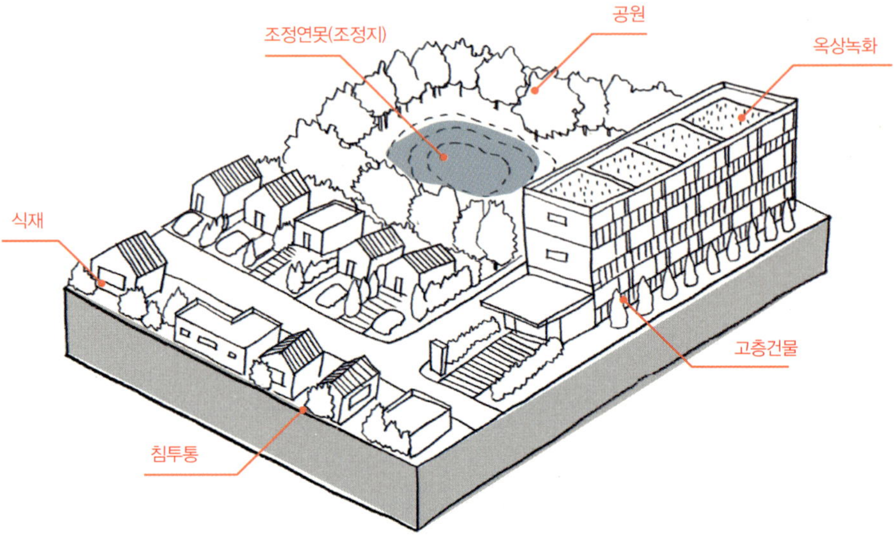

□개발사업자가 추진할 수 있는 것

교외에서 새롭게 생활하려는 사람들이 택지나 시설 등을 개발하면, 건물이나 도로가 신설되어 원래 그 토지가 가지고 있는 빗물의 저장, 침투, 증발산하는 기능을 훼손시킵니다. 개발 시 유역 전체의 물순환을 배려하면서 하류의 부담을 증대시키지 않도록, 가능한 한 빗물유출량을 늘리지 않도록 하는 것이 매우 중요합니다.

□ '교외'의 특징과 손쉽게 도입하는 방법

교외에 새롭게 택지나 시설을 개발할 때 유역 전체의 빗물 유출을 줄이기 위한 구조를 다양하게 설치하면, 하수도에만 의존하지 않는 지역 전체의 빗물활용 시스템을 도입할 수 있습니다.

• 조정지(調整池) 역자주 : 빗물을 일시 가두어두는 연못

지역 전체의 유출을 억제하는 효과를 조정지[62]에서 담당합니다. 그 역할과 함께 평상시에는 사람들의 휴식공간이 되거나, 많은 생물이 서식할 수 있는 다자연형(多自然型)[56] 조정지도 만들어지고 있습니다. 다자연형 조정지는 유출억제효과뿐만 아니라 증발산기능도 가집니다. 또 조정지를 이용하지 않고 저장 · 침투시설을 각 부지 내나 보도 · 차도, 공유공간에 배치해 빗물유출량을 억제하는 개발사례도 있습니다.

• 공원

휴식장소가 되는 공원이나 광장에 식물을 이용해서 빗물을 증발산하거나, 보수성(保水性) 및 침투성이 있는 포장재를 이용하면 유출억제효과를 높일 수 있습니다. 공원 지하에 큰 저장 물탱크를 설치하면, 평상시에는 공원의 화장실용수나 물뿌리기 · 살수 및 식물의 물주기에 이용할 수 있으며 비상시에는 지역 비축용수로도 이용할 수 있습니다.

• 노면

→ 4.1.5 '차도 · 철도' 참조

차도와 보도에 침투성이 있는 포장재를 이용해서 유출억제효과를 높일 수 있습니다.

• 부지

→ 3.2 '침투시설' 참조

각각의 부지에서 가능한 한 식재지(植栽地)를 많이 만들고 침투성이 있는 포장재를 이용하거나 침투통 또는 침투 트렌치를 적극적으로 설치함으로써 빗물 유출을 억제할 수 있습니다.

프로젝트명 : 코시가야 도시계획사업 코시가야레이크 타운 특정구획정리사업
소재지 : 사이타마 현 코시가야 시
규모 : 225.6ha
조절지용량 : 120만㎥
사업연도 : 1999년~2013년

□ '물과 함께 공존하는' 베드타운 개발

코시가야(越谷) 레이크 타운 지구는 많은 하천으로 둘러싸인 지역으로 예부터 논이 펼쳐진 전원지대였습니다. 고품질 쌀을 생산하지만, 큰비가 오면 침수피해가 자주 일어나는 지역입니다. 도심에서 접근하기 쉬운 교통의 편리성으로 급격하게 도시화가 진전되자, 예전에 논이 가지고 있었던 보수기능이 떨어져서 도시홍수가 자주 발생하게 되었습니다. 이에 따라 '코시가야 레이크 타운'의 개발은 하천사업과 개발사업을 함께 진행하여 도시에서 확보가 어려운 조절지[63]용지를 확보했습니다. 큰비가 내릴 때는 조절지 수문을 개폐해서 배수유량을 조절하고 있습니다.

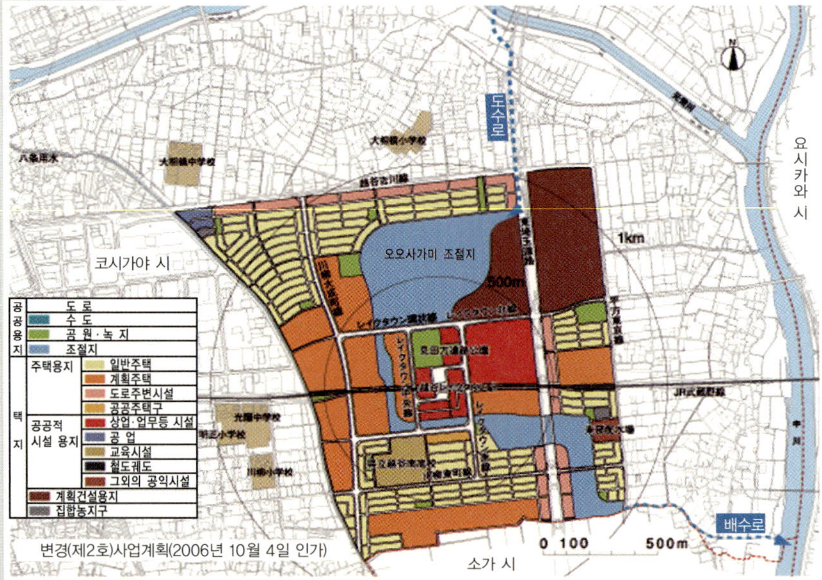

변경(제2호)사업계획(2006년 10월 4일 인가)

□ '선반지(棚池)' 조절지 녹지(調節池綠地)

오오카시와(大柏) 강 제1조절지 녹지는 하류에 있는 마마 강(眞間川) 유역의 홍수피해를 줄이기 위해 치바 현(千葉縣)과 이치가와 시(市川市)가 오오카시와 강 유역의 농지 등을 매수하여 주민에 의한 파트너

십 조직과 워크샵을 통하여 정비했습니다.

친환경공법으로 만든 크고 작은 15군데의 선반지는 모두 빗물과 땅속으로 침투된 물로 채워졌으며, 선반지 안의 식물은 파서 일군 흙에서 자란 것입니다. 부지의 2/3가 생태계 보전을 위한 출입금지 지역으로, 약 100여 종의 들새와 참매 등이 서식하고 있어서 방문자 센터(visitor center)에서는 들새관찰회와 환경학습회가 개최되고 있습니다.

오오카시와 강 제1조절지 녹지평면도

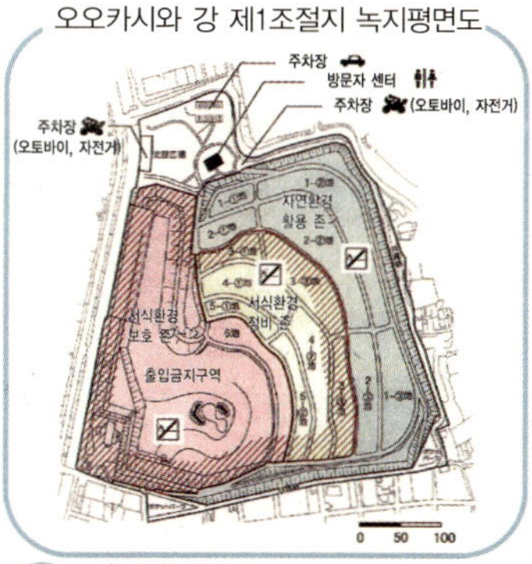

각 구역설명

- : 출입금지 구역 (출입에 대해 시 또는 현의 허가가 필요합니다)
- : '자연환경활용 존' 출입가능 (일반적 이용이 가능합니다)
- : '서식환경정비 존' 출입불가 (서식환경보호 존에 영향을 주지 않도록 출입을 제한하고 있습니다)
- : '서식환경보호 존' 출입불가 (생물의 서식 · 성장을 위한 구역입니다)

프로젝트명 : 오오카시와강 제1조절지 녹지
소재지 : 이치가와 시 기타카타 초 4쵸메 1444-59
규모 : 16ha
저수능력 : 약25만4,000㎥
개설 : 2007년 6월

그림제공 : 이치가와 시

□스톡홀름 근교의 대형 주택지 개발(스웨덴)

호수로 둘러싸인 스톡홀름 근교의 대형 주택지입니다. 부지 내의 빗물은 침투 또는 수로를 통해서 호수로 흐르는 구조로 되어 있습니다. 지붕 및 안뜰의 비는 개방된 도랑을 거쳐 공용공간의 수로를 통해서 호수로, 도로로부터의 빗물은 개발지역 안에 설치된 침전시설에서 처리되어 수로로 배수됩니다. 또 옥상의 일부는 녹화되어 있어서 빗물 유출억제에 도움이 됩니다. 이러한 구조에 따라 개발지역에 내린 빗물은 호수를 포함한 주변의 물순환에 직접 연결됩니다.

프로젝트명 : Hammarby Stad
소재지 : Stockholm, Sweden
사업주 : Stockholm, Environment and Health Committee of Stockholm
설계 : Urban Planning and Environmental Coordination Committee, Stockholm Water Company
규모 : 150ha
준공예정 : 2016년
www.hammarbysjostad.se

4.1.7 농지 · 녹지

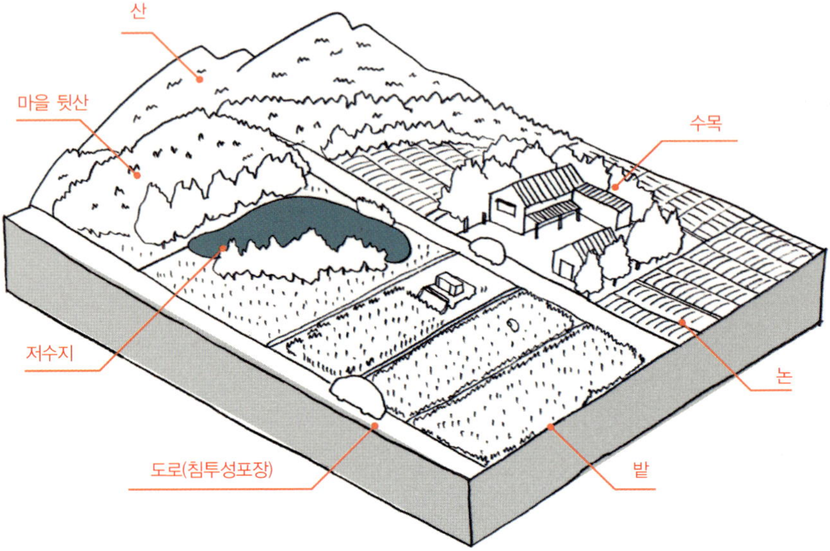

□농지 · 녹지에서 추진할 수 있는 것

삼림, 마을뒷산, 농지 등의 녹지는 '빗물을 빌린다' '되돌린다' '만든다' 라는 빗물순환을 하고 있습니다. 통풍이 잘 되는 나무들은 햇빛에 따른 증발산이 이루어지고, 풀이나 낙엽으로 덮인 토양은 빗물의 보수성을 유지합니다. 또한 물을 천천히 하류로 흘려보내는 속도를 계속해서 억제하여 지하수의 배양, 홍수억제 역할을 합니다. 그러나 관리되지 않고 방치된 녹지는 본래의 기능을 유지할 수 없습니다. 녹지는 관리하는 것이 중요합니다. 자연 관찰과 농업 체험 등의 다양한 녹지 활용은 지역주민들의 협력이나 농업에 대한 관심으로 연결됩니다. 녹지의 힘으로 빗물순환이 최대한 발휘될 수 있도록 농업 · 임업의 재생을 향한 구조가 필요합니다.

□ '농지 · 녹지' 의 특징과 손쉽게 도입하는 방법

'농지 · 녹지' 등은 작물을 생산할 뿐만 아니라 물순환계나 생태계에 크게 기여하고 있습니다. 하천지역에 농지가 있으면 큰 비가 내린 후에 하천의 유출을 억제할 수 있습니다.

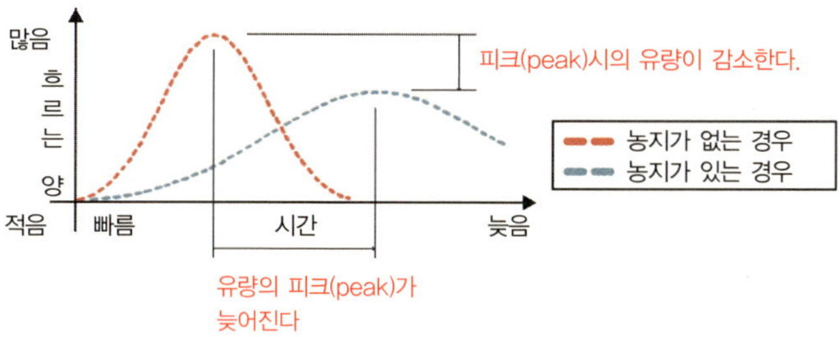

• 논

논은 특히 질소를 정화하는 기능이 높고, 천연 여과필터로써 하류의 부영양화를 막는 유용한 수단입니다. 또 강이나 지하에 천천히 물을 흐르게 함으로써 홍수나 산사태를 막습니다. 수확 후에도 빗물을 모으고 지하수 배양을 도와 수생식물이나 생물 등이 서식할 수 있는 환경을 만들어 나가야 합니다.

• 저수지

'저수지' 는 빗물을 모아서 농업용수를 확보하기 위해 예로부터 우리 선조들이 인공적으로 조성하였습니다. 그 빗물은 먼저 농업용수로 사용된 후에 수로를 통해서 하천으로 흘러갑니다. 빗물을 모으는 '저수지' 는 다양한 역할을 하므로 반드시 보전할 필요가 있습니다. 서일본(西日本)을 중심으로 전국에 약 21만 개가 있으며 농림수산성은 투표에 따라 '저수지100선' 을 선정하였습니다.

농림수산성 '저수지 100선' 으로부터

오른쪽사진 : 센가이시저수지' 이와테 현 이사와군 가네가사키쵸'

왼쪽사진 : 간논부치 연못(오카야마 현 구메군 구메난쵸)

□마을 농지(텃밭), 주택에 내린 빗물을 빌려서 경작한다

주택지에 둘러싸인 마을 농지(텃밭)에서 주변 주택의 빗물을 주민협력을 얻어서 이용하고 있습니다. 주택의 처마홈통에서 연결홈통으로 자신의 농지에 빗물을 유도하여 농지 내에 설치한 빗물탱크에 빗물을 저장해 경작을 하고 있습니다. 이는 마을의 빗물 유출억제에도 유용하고, 지역주민 서로가 빗물을 빌리는 교류를 통해 지역 커뮤니케이션을 활성화하는 역할도 하고 있습니다.

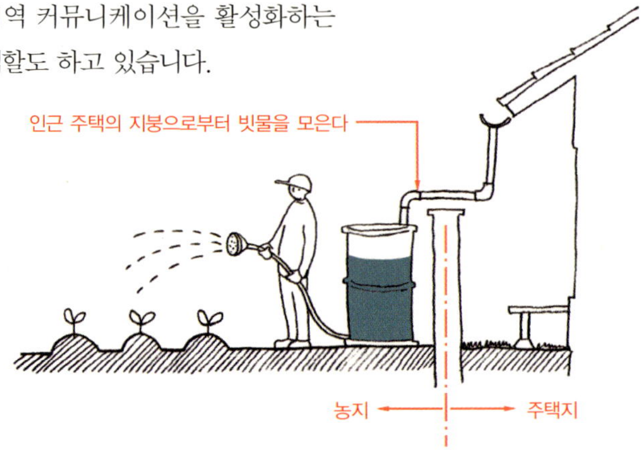

프로젝트명 : 주택의 비홈통을 농지와 접목한다.
소재지 : 도쿄 도 네리마구
설계 : 가쓰 낙원
규모 : 1ha
준공 : 2009년

'구마모토와 워터라이프' : 구마모토 시에서는 '구마모토 워터라이프'의 일환으로 논 담수추진 등의 지하수보전사업 이외에도 '구마모토 '물'검정' '구마모토 물유산' '구마모토 물보전', 절수 등 유역 전체의 건전한 물환경을 위한 시책을 시행하고 있습니다.

□논의 다면적 가치, 기능을 살린다

구마모토 시(熊本市)에서는 지하수 상류에 위치하는 오쓰초(大津町), 기쿠오우마치(菊陽町), 물순환형 영농추진협의회와 '시라강(白川) 중류의 논 담수(水田湛水)[50] 추진에 관한 협정'을 맺어, 논에 물을 가득 채우게 하고 있습니다(4.2.3참조). 이것은 상수도를 100% 지하수로 제공하고 있는 구마모토 시의 지하수 수위 감소대책으로 실시되고 있습니다. 기초자치단체의 범위를 넘어 아소(阿蘇) 가이린산(外輪山)에서 아리아케해(有明海)에 이르는 큰 물순환의 활성화가 주목받고 있습니다. 농가가 논에 물을 가득 채우는 것으로 지하수 배양이 될 뿐만 아니라 하천물의 저장, 증발산도 되고 있습니다. 더불어, 구마모토 시민과 오쓰초 시민 · 기쿠오우마치 시민 간의 교류사업도 실시되고 있습니다.

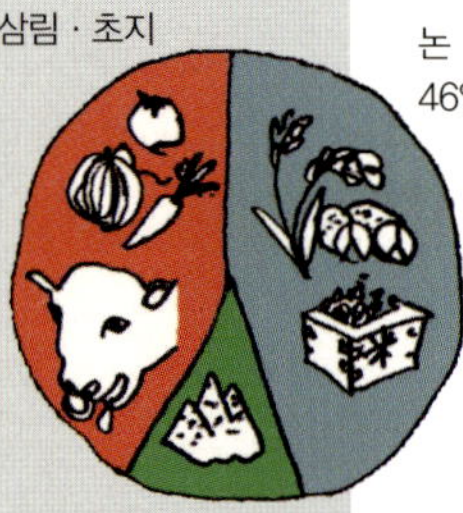

구마모토 지역의 지하수 배양의 내역

*1 : 구마모토지역 지하수종합조사보고서(구마모토현 구마모토 시 1995년/3월)

□예로부터의 배수전용시설 '세세나게 역자주 : 연못의 한 종류'

도쿠시마(德島)의 교외에서는 배수를 모아 침투시키는 '세세나게'가 각 가정에서 사용되었지만 하수도가 정비되면서 볼 수 없게 되었습니다. 이 집에서는 사용하지 않게 된 '세세나게'를 빗물연못으로 정비하여 빗물 비오톱으로 활용하고 있습니다. 그밖에 빗물탱크를 설치하여 화장실과 정원, 텃밭에 이용하고, 우물과 합병식 정화조[19]의 배수를 보충수로 쓰고 있으므로 물탱크 용량이 부족하지 않습니다.

프로젝트명 : H씨댁개수
소재지 : 도쿠시마 현 도쿠시마 시
설계 : 신주택 건축연구소
시설개요 : 빗물탱크, 합병정화조, 수로, 세세나게
준공 : 2010년5월

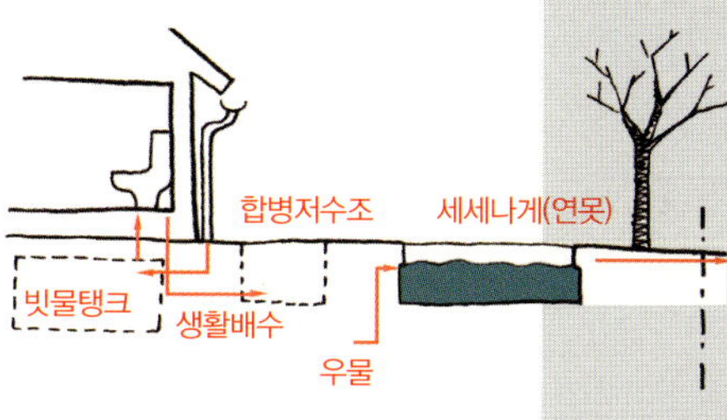

□간척지 수면의 가치를 살린다(네덜란드)

폴더라고 불리는 간척지로 국토의 1/4이 구성되어 있는 네덜란드는 해면상승과 호우의 둘다에 대한 대책이 필요합니다. 국내 최대면적의 폴더는 지역 외에 의존함과 동시에 부하를 주는 인위적인 대량의 급배수를 줄이는 역할을 합니다. 또 지역 내에 한정된 물순환 시스템으로 전환하기 위해, 주로 강우량에 의한 계절의 수위변동에 따라 폴더 내에서 사용할 수 있는 조정지와 주변 지역의 연결이 필요하게 되었습니다. 그 대책으로는 수면 · 주택 · 레크리에이션 등에 필요한 면적을 확보하기 위한 경관과 기능을 통합시킨 휴식공간을 만들었으며, 간척지의 수환경 공간으로써의 새로운 제안을 하고 있습니다.

프로젝트명 : Westflank Haarlemmermeer
소재지 : Haarlemmermeer, The Netherlands
사업주 : The Central Government, Province of North Holland, City of Haarlemmermeer and The Rijnland District Water Control Board
설계 : planning director Kees van Ruyven in cooperation with PALMBOUT Urban Landscapes, Strootman Landschapsarchitecten and van Paridon x de Groot landschaps architecten
규모 : 3,000ha, 10,000 housings
준공 : 2030년
www.westflankhaarlemmermeer.nl

이미지 : J.P.Boelema

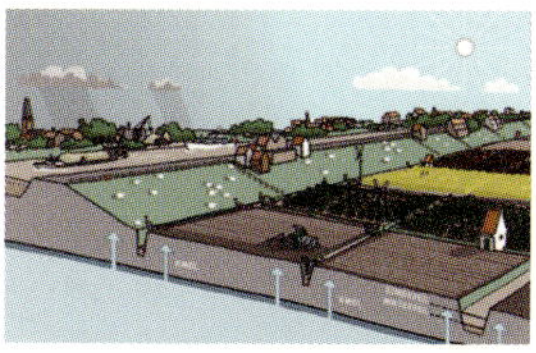

현재의 경관

새롭게 제안한 경관

4.2 '빗물건축'을 지원하는 제도와 구조

지금까지 빗물건축의 활용방법과 건물의 종류·장소에 따른 적합한 방법을 해설했습니다. 그러나 실제 도입하기까지는 기술적인 것뿐만 아니라, 빗물에 관한 광범위한 지식과 빗물 수질에 관한 정보보급, 지역활동과의 연결, 법제도와의 연계 등 다양한 지식과 지원이 필요합니다. 따라서 이 장에서는 최종적으로 빗물건축을 완성하는 구조로서 환경학습과 정보교환 등 '비를 배운다'는 것, 그리고 도시조성과 법제도 등의 사회구조에 대해 현재 실시되고 있는 방법과 앞으로의 가능성을 소개합니다.

• '비를 배운다'

도시의 일상생활에 깊숙이 자리잡고 있는 비는 신속하게 하수도로 빠져나가는 구조로 설계된 결과, 비가 온 후 빨리 사라지게 되어 우리가 비와 접촉하는 기회는 점점 줄어들었습니다. 그러나 이제부터 빗물건축을 통해 비와 어울리는 방법을 새롭게 만들고 다시 한 번 비가 우리에게 어떤 혜택을 주고 어떤 점에 주의해서 생활속에 받아들여야 하는지를 알기 위해서라도 다시 한 번 '비를 배운다'는 것이 중요합니다.

• '빗물활용과 도시조성'

일본의 빗물활용은 각 지역에서의 다양한 문제, 즉 방재, 침수, 갈수 혹은 지하수의 고갈 등에 직면한 시민이 서로 지혜를 모아 해결해 가는 과정에 빗물활용이라는 해결책을 찾아내어 보급해온 역사적 경위가 있습니다. 또 자치단체의 추진활동도 점차 진행되고 있습니다. 앞으로 빗물활용을 추진하기 위한 과제는 다음과 같습니다.

*1 : 2009년도 실시, 환경수도 컨테스트 전국네트워크 주최 (자치단체 수 및 참가 자치단체 총수 58개에 대한 비율)

'일본 환경수도 컨테스트 제9회' 참가 자치단체의 빗물활용에 대한 앙케트*1

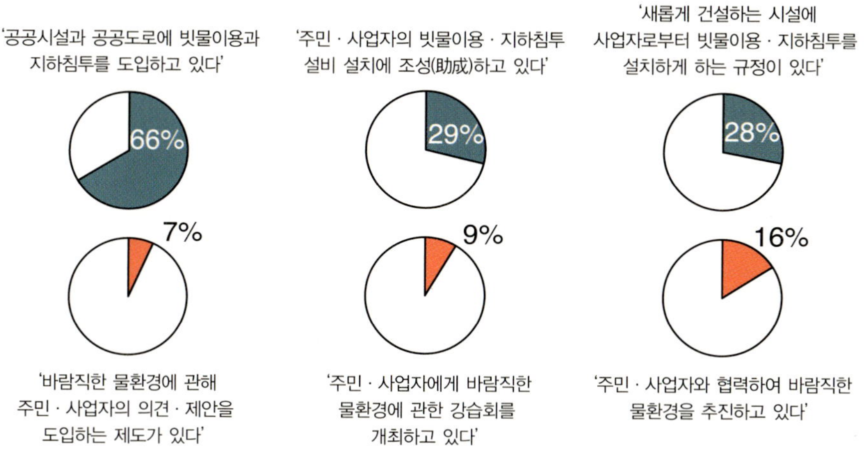

• '법제도'

빗물활용을 더욱 널리 시행하기 위한 구조로 법률제도가 있습니다. 국가 법률, 자치단체의 조례나 규칙도 있습니다. 조례는 도시조성에 관한 장기간의 활동으로 제정되어 있는 사례가 많이 있습니다. 이미 제정되어 있는 조례로 가능한 일을 소개합니다. 또 해외의 법률을 소개하고 앞으로의 발전 가능성을 생각해 봅니다.

4.2.1 비를 배운다

'비를 배운다' 에도 몇 가지의 방법이 있습니다. 환경학습으로써 비의 특성을 아는 것, 빗물건축에 대한 구체적인 정보의 수집, 또 이제부터 진행해 가는 과정에 대해 서로 정보교환할 수 있는 장도 필요합니다.

• 어린이를 위한 환경학습

각 지역의 자치단체나 시민단체에서는 비가 어디에서 와서 어디로 흘러가는지, 빗물을 소중히 하지 않으면 무슨일이 일어날 것인지 등이 실린 어린이용 책 또는 교재를 발행하고 있습니다*1.

또한 어린이나 가족을 대상으로 한 빗물환경학습 프로그램도 몇 가지 있습니다. 예를 들어, '빗물 수집 컨테스트로부터 빗물의 유효활용에' *2라는 프로그램에서는 비가 오면 수업을 중단하고 어린이들은 교정으로 나갑니다. 어린이들은 빗물을 많이 모으기 위해서 모래밭에 만든 '비의 경사면' 이나 쓰레기 수집용 비닐봉지, 그리고 체육관 지붕 등을 이용하는 방법을 생각합니다. 그리고 체육관에 내린 비의 양, 교정에 내린 비의 양을 계산해보고 최종적으로 교정에 내린 비가 강으로 흘러가는 것까지를 생각해보는 내용입니다.

'스미다 환경관 빗물자료실' (스미다 구(墨田區))는 이러한 교재나 학습 프로그램에 실제로 접할 수 있는 장소입니다. 그 '빗물자료실' 에는 세계의 각 마을의 강수량이나 스리랑카의 빗물탱크, 실제 빗물활용에 필요한 기구 등도 전시되어 있습니다.

• 빗물에 관한 서적

비에 관한 책도 다양하게 있습니다. 우선 내리는 비의 형태에 따른 비의 이름, 비에 관련된 문학 등에 대한 것으로《하늘과 바다와 대지를 연결하는 비의 사전》,《비의 이름》등이 있어서 예로부터 일상생활과 비의 다양한 관계를 알 수 있습니다.

또한 실제로 빗물을 활용하는 방법에 대한 것으로, 이 책의 시리즈인《비의 건축학》,《비의 건축술》외에 자신의 집을 설계, 건축 그리고 그곳에서 생활한 경험을 바탕으로 한《도시에서 가능한 비, 태양, 녹지를 이용한 작은집》등이 있습니다. 또 해외의 문헌 중에

*1 : '물의 대탐험' 물의 순환과 수돗물의 관계에 대해 소개(발행 : 스미다구 환경보전과)

• '빗물에 대해 배우자!' (편집 : NPO간사이 빗물시민의 모임, 발행 : 오사카)

• '갓파대왕과 이치로군-마츠야마 물 이야기' (편집 · 발행 : 마츠야마 시)

*2 : 치바대학 교육학부 카사이 마모루 강사

는 《비의 정원》이라는 타이틀로 정원 만들기를 소개하는 것과 풍부한 비주얼 정보를 통하여 대형 개발 사례를 소개한 것도 있습니다.(참고문헌 리스트 참조).

• 최신정보 수집

시민, 사업자, 연구자나 자치단체, 국가 등이 협력하고, 정보교환의 일환으로 2008년에 발족한 '빗물 네트워크 회의' *3는 홈페이지 등에서 각 지역에서의 이벤트, 빗물활용방법, 관련 서적 등을 소개하고 있습니다. 또 빗물에 관한 전문잡지도 있습니다. '빗물시민의 모임' *4 발행의 《빗물》, '빗물저류침투기술협회' *5 발행의 《물순환—저장과 침투》 등에서는 각지의 상황이나 이벤트 정보, 전문지식이나 기술정보 등이 게재되어 있습니다.

*3 : 빗물 네트워크 회의
http://rain-net.jp

*4 : 특정 비영리법인 빗물시민의 모임
www.skywater.jp

*5 : (사)빗물저류침투기술협회
http://arsit.or.jp/

• 정보교환

앞에서 언급한 '빗물 네트워크 회의' 에서는 홈페이지 등에서 정보교환과 동시에 매년 전국대회를 개최하고, 전국적 규모의 정보 네트워크를 가지고 있습니다. (2008년 도쿄(東京), 2009년 후쿠오카(福岡), 2010년 마쓰야마(松山), 2011년 오사카(大阪))

또한 자치단체나 사업자 등 전문분야의 네트워크도 있습니다. 전국 132개의 자치단체가 가입(2010년 6월 현재)해 있고, 빗물에 관한 제도 정보 등을 공유하는 '빗물이용 자치단체담당자연락회' *6에서는 각 지역에서의 빗물활용의 PR이벤트나 자치단체의 조성금제도 등을 조사하고 있습니다. 빗물에 관한 전문가 네트워크는 빗물의 저장 · 침투기술 보급을 위해서 제품인증이나 기술지침 · 기술 매뉴얼 등을 발행하고 있는 '빗물저류침투기술협회' , 가정용을 중심으로 한 빗물탱크나 취수기술의 개발을 하며, 빗물탱크의 보급을 추진하는 사업자 단체인 '빗물이용 사업자의 모임' *7 등이 있습니다.

*6 : 빗물이용 자치단체담당자연락회(가입수는 2010년 6월 시점) 스미다구의 HP
www.city.sumida.lg.jp
구의 행정에 관한 데이터 · 자료〉환경 · 녹지 · 빗물 · 생물 · 지구온난화〉빗물이용〉자치단체담당자연락회

*7 : 빗물이용사업자의 모임
http://amamizu-pro.net

4.2.2 빗물활용과 도시조성

로지손

얕은 시냇물이 있는 공원
(요코하마 시 니시 구 니시토베 하자와 지구)

*1 : '요코하마 시민거리 보수사업' 2006년도 조성대상

고다이지공원의 빗물저장조
고다이지공원에도 1,500톤의 빗물저장조가 만들어져 있습니다.
(제공 : 리츠메이칸대학 오쿠보 다케유키 교수)

지금까지 빗물을 활용한 도시조성 추진방향은 다양하게 있습니다. 대표적인 지구(地區)에서의 추진방향을 소개합니다.

• 방재형 마을조성

도쿄 도 스미다 구는 목조주택과 좁은 도로가 밀집하여 소방차의 진입이 어렵기 때문에 소화용수 공급의 문제가 있었습니다. 초기 소화용 수원 확보 때문에 1980년대에 무코지마(向島) 지구에서 포켓파크(pocket park)에 소형의 지상 빗물탱크를 설치하는 '로지손(路地尊)[89]'을 만들었으며, 그 후의 교지마(京島) 지구의 방재도시조성사업에도 빗물탱크가 도입되었습니다. 현재 구내에 300개 이상의 빗물탱크가 설치되어 있습니다.

또한 경사지에 같은 건물이 밀집한 요코하마 시(横浜市) 니시 구(西區) 니시토베(西戸部) · 하자와(羽澤) 지구에서는 2005년에 주민이 행정기관에 공공사업을 제안함과 동시에*1 직접 공사에도 참가하는 빗물방재 도시를 조성하여, 물탱크나 얕은 시냇물을 갖춘 공원 등이 주민의 손으로 정비되었습니다.

빗물을 본격적인 소화활동에 사용하기 위해서, 교토 시(京都市)의 기요미즈데라 등 전통적 건조물군 보존지구[65]가 있는 히가시야마 구(東山區)에서는 2007년도부터 본격적으로 시민이 사용할 수 있는 빗물방재 시스템을 도입하고 있으며, 1,500톤의 내진형 빗물저장조를 높은 곳에 설치하여 위치에너지만으로 수압을 확보할 수 있는 연구를 실시하고 있습니다.

• 호우대책 · 유출억제형

도쿄나 후쿠오카 등 배수가 잘 안 되는 지역에서는 최근에 특히 도시홍수에 의한 피해가 늘어나고 있습니다. 그 대책으로 유수지(遊水池, 역자주 : 평지나 넓은 강물에서 일시적으로 홍수량의 일부를 저수하는 곳)나 유출억제 시설이 늘어나고 있습니다. 예를 들어, 2003년에 심각한 침수피해가 있었던 후쿠오카 시에서는 각 집에 빗물탱크를 설치하여 댐과 동일한 저수량을 목표로 하는 '미나미바타(南畑) 댐 저수의 모임'의 강연이나 워크샵 등의 다양한 기획을 계속하고 있으며, 시내를 흐르는 히이 강(樋井川)의 홍수를 계기로 새로운 치수대책 실현을 위해 2009년에 '히이 강 유역 치수 시민회의' 를 설립하는 등의 활동을 계속하고 있습니다.

• 갈수대책 · 절수형

규슈(九州) 북부나 세토우치(瀨戸內) 지방, 그리고 크고 작은 섬 지역 등은 원래 강우량이 적기 때문에 갈수대책으로 빗물을 저장해 왔습니다. 그리고 '아깝다' 라고 하는 인식으로부터 빗물을 활용하는 실천활동도 많이 있습니다. 마쓰야마 시(松山市)에서는 수자원이 유한하다라는 인식하에 '마쓰야마 시 절수형 도시 만들기 프로젝트' 를 실시하고 있으며, 절수기기 구입에 대한 보조, 1,000m^2 이상의 신축 · 증축에 대한 절수계획서의 제출 의무, 빗물저장시설 설치의 보조, 시민에 의한 수원(水源)의 숲 만들기 활동에 대한 조성이 실시되고 있습니다.

• 지하수 보전형 · 환경형

도쿄 고가네이 시(小金井市)의 무사시노다이지(武藏野台地)의 지하수를 배양해 샘물을 보전하는 활동이나, 교토 등 전통적인 산업 특성상, 지하수를 소중히 여기는 활동 등이 있습니다. 고가네이 시에서는 시내의 고쿠분지가이센(國分寺崖線沿)의 샘물이 말라버리거나 노 강(野川)의 유량이 줄어들어, 밑바닥을 보여주는 상황에 위기감을 느낀 시민들이 수질이 좋은 빗물을 하수도에 흘려보내지 않고 지하에 되돌리는 것을 제안했습니다. 시와 의논해서 하수도 공사 지정점(1980년대)과 빗물침투통 설치를 시작하여 2009년도 말에 53.4%의 높은 설치율을 달성했습니다.

'일본 제일의 지하수 도시' 를 표방하는 구마모토 시(熊本市)에서는, '구마모토 시 지하수보전 조례' 에 의한 규제나 빗물침투통, 빗물탱크 등의 설치 조성 외에 구마모토 물 유산의 등록, 구마모토의 지하수 구조나 구마모토가 안고 있는 물의 과제 등을 배우는 '구마모토 "물" 검정시험' 의 실시, 물이나 물문화를 지켜 PR하는 사람을 등록하는 '구마모토 물보호' 제도에 따라 시민 전체가 지하수 보전에 앞장서고 있습니다.

4.2.3 제도와 조직

빗물활용을 더욱 촉진시키기 위해서는 개인적 또는 도시조성을 지원하고, 보급 장려와 개발 시에 도움이 되는 조성제도나 요강, 그 근거가 되는 조례나 법제도가 중요합니다. 이미 계획을 세워서 다양한 빗물활용시설의 설치나 보급활동을 독자적으로 진행하고 있는 자치단체도 있습니다. 이러한 빗물활용에 관한 법제도나 구조적인 면을 제대로 정비하여 개혁해 나가야 합니다.

• 국가제도

빗물활용을 추진하고 건전한 물순환을 회복하기 위해 법적인 근거가 필요합니다. 독일에서 빗물활용의 보급을 추진한 것은 건설 부지에서 유출하는 빗물의 양을 규제한 연방법이었습니다. 한국은 2009년에 법률이 제정되었습니다(4.2.4 참조).

일본에는 아직까지 이러한 빗물활용에 관한 법률이 없습니다. 관련 법으로는 홍수 등의 대책법으로 정해진 '특정 도시하천 침수피해대책법' *1이 있어, 일정 규모 이상의 개발을 할 경우 빗물의 유출량 억제를 위해 빗물침투시설 설치의 의무화나 그것에 관련된 세제감면 혜택 등을 포함하고 있습니다.

*1 : 특정 도시하천 : 쓰루미 강, 신 강, 네야 강, 도모에 강
대형시설 : 300㎥ 이상의 빗물 저장설치, 3,000㎡ 이상의 투수성 포장

또한 일본의 물에 관련된 법률은 수돗물, 농업용수, 공업용수 등의 용도별에 따라 관할 부서가 여러 군데로 나뉘어져 있습니다. 물순환이라고 하는 관점에서 나뉘어진 부서들의 종합적인 관리를 실시할 수 있는 체제를 목표로, 의원입법(議員立法)인 '물순환 기본법'의 제정을 추진하고 있습니다.

• 자치단체의 제도 : 조성제도와 요강 · 조례

빗물이용 자치단체담당자연락회에 속하는 132개 자치단체 중 2009년 시점에서 빗물저장시설 조성제도를 가진 자치단체는 66개 *2, 지하침투시설에 조성제도가 있는 자치단체는 38개나 됩니다. 이 조성제도의 대부분은 빗물탱크나 침투통 등의 설치비용의 일부를 시가 조성함으로써 활발한 보급활동을 기대하고 있습니다.

*2 : 연락회에 소속하지 않은 자치단체를 포함하면 빗물저장탱크에는 128개, 침투시설에는 57개의 자치단체가 조성제도를 하고 있습니다. (2010년 4월 현재)

조례가 있는 자치단체도 전국에서 서서히 증가하고 있습니다. 각 조례는 지역의 특성을 반영하고 도시형 홍수의 방지, 지하수원의 확보, 절수 등을 목표로 앞에서 기술한 도시조성 활동의 흐름

을 계획하는 활동이 많이 있습니다.

예를 들어, 치바 현(千葉縣) 이치카와 시(市川市)는 침수피해의 경험에 의해 빗물활용에 대한 시민의식이 높아져 '시민 빗물조례(통칭)*2' 가 제정되었으며, 집을 신축할 때는 빗물침투시설 설치가 의무화되었습니다. 사이타마 현(埼玉縣)에서도 1ha 이상의 개발 행위에 대하여 빗물유출억제시설의 설치를 요구하는 것 이외에 2010년의 조례 개정에서는 저지대에 위치한 논의 일부가 '보수력 보전 구역' 으로 지정되었습니다 *3.

*2 : '택지에서 빗물의 지하침투 및 유효이용추진에 관한 조례'

*3 : '사이타마 현 빗물유출억제시설 설치 등에 관한 조례'

한편, 갈수의 가능성이 있는 지역에서는, 예를 들어 마쓰야마 시에는 '마쓰야마 시 절수형 도시 만들기 조례' 등으로 빗물탱크의 보급촉진 활동을 추진하고 있습니다.

지하수 보전으로는 앞서 기술한 고가네이 시에서도 '지하수 및 샘물을 보전하는 조례' 가 의원제안(議員提案)으로 2004년에 제정되었습니다. 또 구마모토 시에는 '구마모토시 지하수 보전 조례' (1977)가 있습니다. 구마모토 시는 지하수의 배양영역에 해당하는 자치단체 등과 협정을 맺어 400호 이상의 논에 물을 가득 채우게 하고 있으며, 시라 강(白川) 상류유역의 자치단체와의 협정에 의한 수원(水源)배양 숲의 정비도 약 700ha나 됩니다(4.1.7참조). 2007년의 조례 개정에 따라 시내에서도 신축할 때는 빗물침투나 투수성 포장, 녹지 등의 설치가 의무화되어 있습니다.

• 계획 수립

게릴라 집중호우에 대한 대책 수립이 시작되었습니다. 도쿄 도에서는 '집중호우대책 기본방침' (2007)에 근거해 '집중호우대책 계획' (2009)을 책정하였습니다. 그 영향을 받아 자치단체에서도 대책을 수립하고 있으며, 세타가야구(世田谷區)에서는 2010년부터 '세타가야 댐' 이라고 명명한 빗물 유출억제시설의 설치 촉진활동을 실시하고 있습니다.

□유럽

• 빗물규격

독일은 DIN(독일 공업규격)의 빗물규격 도입에 따라, 지금까지의 실시활동을 더욱 확고하게 하였습니다. DIN의 빗물규격은 10년에 걸쳐서 작성되었으며 2005년에 완성되었습니다. 4부 구성으로 '계획, 시공, 운용, 보수' '필터' '빗물저장조' '제어와 모니터링 장치' 로 되어 있습니다. 이를 주변국으로 점점 확대하여 EU 규격이나 국제규격으로 발전시키려는 규격전략입니다. 이미 많은 제품으로 빗물 비즈니스가 성립되어 있습니다.

EU 각국의 상황에 대해서 한 전문가*1는 "독일 주변의 각국*2에는 기술기준은 없고, 일반적으로 DIN 의 빗물규격을 참조하도록 되어 있다. 또 영국에서는 DIN을 기초로 해서 독자적인 규격을 준비중이다" 라는 의견을 제시하고 있습니다.

*1 : fbr(빗물중수이용전문가협회/독일)의 이사인 크라우스 · W · 케니히

*2 : 오스트리아, 스위스, 덴마크, 네덜란드, 벨기에, 룩셈부르크, 프랑스

• 법률정비와 보급

독일 연방법률뿐만 아니라 정부 차원에서 빗물활용을 추진하고 있는 나라도 있습니다. 벨기에 플랑드르 정부에서는 환경에 관한 법률시행령*3에서 주택의 빗물활용과 부지 내에서의 침투 또는 일시저장을 하도록 하고 있습니다. 보급을 촉진하고 있기 때문에 정부는 2010년, 신축 및 개축 건물을 대상으로 한 가이드라인*4을 작성하고 웹이나 건축가를 위한 강습을 통해서 적극적인 홍보활동을 실시하고 있습니다.

또한 영국은 2010년부터 시행한 홍수 · 물관리법*5의 주요대상 영역에 빗물침투나 보수(保水) 등을 포함한 지속가능한 배수 시스템(Sustainable Urban Drainage System, SUDS)*6의 새로운 개발을 장려하는 것을 명문화하여, 연구기관에 의한 가이드라인의 출판 등을 진행하고 있습니다. SUDS이라고 하는 용어는 스웨덴이나 네덜란드에서도 사용되고, 실제 프로젝트에서의 적용도 확대되고 있습니다.

*3 : VLAREM II : Vlaamse Reglement betreffende de Milieuvergunning (Flemish Regulation concerning Environmental permission)

*4 : Waterwegwijzer bouwen en verbouwen (Water guide for building and renovation)

*5 : Flood and Water Management Act 2010

*6 : Sustainable Drainage System 또는 Sustainable Urban Drainage System 1.6 및 4.1.5 참조

□아시아

아시아 각국 중에서는 한국이 빠르게 추진하고 있고, 대만이나 말레이시아도 빗물에 대한 관심이 높으며 말레이시아에서는 이미 빗물 가이드라인이 있습니다. 네덜란드 등 유럽의 영향을 많이 받아서 내용은 DIN의 빗물규격에 가깝습니다.

※말레이시아 빗물 가이드라인
: Rainwater Guidelines for Installing a RainwaterCollection and Utilization System (Ministry of Housing and Local Government etc./1999)

• 한국

한국에서는 서울시가 2006년부터 처음 조례를 만들어, 2009년 현재 31개의 자치단체가 조례를 정해서 지원대책을 세우고 있습니다. 이를 계기로 환경부가 2009년 6월에 '물의 재이용 촉진 및 지원에 관한 법률'을 제정했습니다. 이 법률에 따른 빗물활용시설 설치가 공공시설에도 확대되어 기술연구 개발이나 재정지원에 관한 내용도 명문화 되어 있습니다. 그리고 법인세 공제나 수도요금 감면 등 각종 세제지원과 함께, 민간투자에 의한 첨단시설 정비를 육성하려는 취지도 포함되어 있습니다.

지방자치단체에서 실시하는 활동으로 서울시의 스타 시티나 수원시의 레인 시티 등의 큰 빗물 프로젝트가 각광을 받고 있습니다. 서울시는 지속가능한 환경도시조성을 위해서 최대한 빗물활용 시스템을 사용하는 전략을 세웠습니다. 즉, 보조금제도를 이용해서 민간 참여를 늘리려는 것입니다.

또 수원시도 빗물활용을 테마로 관광도시조성계획을 발표했습니다. 그것은 빗물활용에 따른 수원시 고유의 브랜드를 만드는 것으로, 구체적으로 2012년까지의 4년 간 8군데의 빗물활용시설을 만들 예정입니다.

이러한 빗물활용에 대한 추진을 제도적으로 후원하는 상황은 우수 사례라고 말할 수 있습니다.

4.3 '빗물건축'의 미래

이제부터 '빗물건축'을 보급해 나가기 위해서는 다양한 분야의 사람들이 힘을 모아 추진해야 합니다. 건축학회의 '학(學)'이 앞장서서 길을 열어온 시민활동의 '민(民)'과 연계하고, 빗물활용을 추진시키기 위한 기술에 대해 '산(産)'이 개발을 진행시키며, 또 그것들을 유지하는 제도적인 근거를 '관(官)'이 만드는 것이 필요합니다.

• 시민활동

빗물활용에 대해서 일본에서는 시민활동이 앞장서 왔습니다. 특히, 도쿄 스미다 구 '로지손' 빗물방재시설 만들기 활동이 전국적으로 유명합니다. '빗물시민의 모임'은 일본 각지에 널리 퍼져 있으며, 지금까지의 빗물활용 보급에 관한 시민활동을 지지해 왔습니다. 또 도쿄 고가네이 시에서는 빗물의 지하침투를 활용한 샘물 보전의 선구자적인 활동을 하여, 빗물침투통의 보급률은 전국 최고입니다. 즉, 샘물 보전 의식이 강한 시민이 조성금에 의지하지 않고 스스로 보급해 왔습니다. 최근에는 후쿠오카의 히이 강(樋井川)에서 유역 전체의 시민에 의한 빗물 모으기 운동이 독자적인 전개를 하고 있으며, 도쿄의 노 강(野川)과도 연계해서 지금까지 없었던 온사이트(on-site) 저장운동이 점차 확대되고 있습니다.

• 빗물 비즈니스업계

일본에는 아직 빗물 비즈니스 사업이라고 부를 수 있는 업계가 조성되어 있지 않습니다. 독일 빗물산업과 비교하면 아직 갈길이 멉니다. 토목 분야에서는 '빗물저류침투기술협회'가 있어 하천, 하수도에 관계되는 사업이나 대형 시설에서의 추진활동을 진행해 왔습니다. 건축 분야에서는 '빗물이용 사업자의 모임'이라고 하는 조직이 있지만, 그 규모는 아직 작습니다. 이제부터는 토목과 건축이라는 범위를 넘은 협력 추진이 필요합니다. 그 점에서, 일본건축학회 빗물건축 규격화 소위원회의 보급 워킹 그룹이 진행시키고 있는 '빗물활용 건축제품 편람'은 앞으로의 새로운 빗물 비즈니스 창출에 연결되는 추진활동입니다. 자격제도나 지도자 육성 등의 새로운 과제에도 도전하고 있습니다.

• 행정기관

빗물활용에 적극적인 자치단체는 전국적으로도 많고 '전국자치단체 네트워크'도 형성되어 있습니다. 소형의 빗물탱크나 빗물침투통에 관한 조성 제도도 있지만, 요즘은 다소 침체 경향입니다. 제도적으로도 지도 요강 등에 따른 소극적인 행정에 머물고 있습니다. 현재 빗물을 관할하는 관청은 일원화되어 있지 않으며 법적인 뒷받침이 따르지 못하고 있습니다. 하지만, '물순환 기본법' 제정을 향한 움직임도 있고, 그중에서 공공수를 목표로 하는 '지하수법'과 함께 '빗물법' 제정도 목표로 하는 것이 기대됩니다. 국가행정에서는 하천이나 하수도, 수자원 등의 부서가 통합되는 방향성도 나오고 있어 물순환 재생이라는 테마에 중점을 두고 있습니다.

• 빗물건축의 동향

관학민(官學民)의 연계는 지금까지 실시되어 왔지만, 점점 더 확대되어 가고 있습니다. 2008년 8월에는 전국의 빗물 네트워크 회의가 있었습니다. 빗물 네트워크 회의에는 시민, 행정, 기업, 학회의 빗물에 관련된 대부분의 관계자가 참석했습니다. 각지에서 실시하고 있는 빗물활동의 내용도 보다 종합적으로 되어 가고 있습니다. '건전한 물순환계의 회복'이라고 하는 국가 수준의 시책이 상당히 실행되어온 면도 있지만, 이러한 흐름속에 빗물건축이 행해야 할 역할은 점점 더 커져 가고 있습니다. 그런 맥락에서 모든 지구촌 사람들 한 사람 한 사람과 빗물활용과의 관계는 대단히 중요합니다. 앞으로 '빗물자립'을 목표로 '비의 건축도'를 걸어나갈 것을 기대합니다.

옥석과 스프링클러에서 뿜어져 나오는 물에 의해 형성된 무지개

주변을 시원하게 해주는 빗물, 아침안개의 집
(역자주 : 朝霞の家, 스즈키 교수 자택의 작품명)

생명의 근원과 지구의 빗물

안개 형상으로 뿜어져 햇살을 차단하여 주변을 시원하게 해주는 빗물
발코니에 연못을 만들어 연꽃을 피우고 새들이 마시는 물도 되며
풀이 나 있는 주차장의 줄눈과 정원으로부터 대지로 스며들어
나무와 벼를 키워주는 빗물
지구를 순환하고 생태계를 키워주며 마음속 고향의 풍경이 되어 즐거움을
만들어 주는 빗물로 건물과 마을의 설계에 적절히 활용해 가자.

아침안개의 집
(역자주 : 朝霞の家, 스즈키 교수 자택의 작품명)

발코니의 빗물연못

풀이 나 있는 줄눈으로부터 지하에 스며드는 빗물

9월의 아키타(秋田) 벼, 미사토쵸(美郷町) 우마아라이시미즈(馬洗い清水)

참고도서/ 빗물관련 조례 등

☐ 참고도서

〈비가 내리는 형태에 따른 이름, 비에 관련된 문학등〉

- 『空と海と大地をつなぐ 雨の辞典』レインドロップス、北斗出版、2001
- 『雨の名前』高橋 順子、小学館、2001

〈실제로 빗물을 활용하는 방법을 소개하는 책〉

- 『雨の建築学』日本建築学会、北斗出版、2000
- 『暮らしに活かす雨の建築術』日本建築学会、技報堂出版、2010（再版）
- 『都会でできる　雨、太陽、緑を活かす小さな家』中臣 昌広、農山漁村文化協会、2009

〈빗물 관련 전문 잡지〉

- 『あまみず』NPO 雨水市民の会発行、年間 3 回
- 『水循環 – 貯留と浸透』雨水貯留浸透技術協会発行

〈해외 참고도서〉

- Rain Gardens-managing water sustainably in the garden and designed landscape, N.Dunnett and A.Clayden (2007) Timber Press
- Recent Waterscapes: Planning, Building and Designing with Water, H. Dreiseitl and D. Grau (Eds.), (2009) Birkhäuser
- Vorm geven aan stedelijk water, H. Pötz & P. Bleuzé (2010) SUN (www.water-in-zicht.nl)

☐ 참고자료

- 雨水活用建築ガイドライン 日本建築学会 2011.7
- 雨水活用建築製品便覧(CD版) 日本建築学会 2011.9
- 給排水衛生設備規準・同解説（SHASE-S 206-2009）：(社) 空気調和・衛生工学会 2009.6
- 空気調和・衛生設備工事標準仕様書（SHASE-S 010-2007）：(社) 空気調和・衛生工学会 2007.10
- 雨水利用ハンドブック：（社）雨水貯留浸透技術協会編 山海堂 1998.8.28
- 排水再利用・雨水利用システム計画基準・同解説（平成 16 年版）：（社）公共建築協会 2005.3
- 排水設備雨水浸透施設技術指針：東京都下水道局 2002.6
- 小規模雨水貯留浸透・排水配管システム技術マニュアル：(財) 下水道新技術推進機構 2007.
- 増補改訂 雨水浸透施設技術指針（案）調査・計画編：（社）雨水貯留浸透技術協会 2006.9
- 増補改訂 雨水浸透施設技術指針（案）構造・施工・維持管理編：（社）雨水貯留浸透技術協会 2007.7
- 戸建住宅における雨水貯留浸透施設設置マニュアル：（社）雨水貯留浸透技術協会 2006.3
- 雨水貯留浸透施設ー製品便覧：（社）雨水貯留浸透技術協会 2005.8
- 日本工業規格（JIS）：日本工業標準調査会
- ＦＲＰ製水槽藻類増殖防止のための製品基準 (FRPS WT001-1986)：(社) 強化プラスチック協会、S61/12/1
- 建築基準法施行令第 129 条
- 昭和 50 年建設省告示第 1597 号「建築物に設ける飲料水の配管設備及び排水のための配管設備の構造方法を定める件」
- 下水道雨水浸透施設技術マニュアル：(財) 下水道新技術推進機構、2001.6
- 雨水利用システム設計と実務：（社）空気調和・衛生工学会、1997.4
- 排水再利用・雨水利用システム計画基準・同解説（平成 16 年版）：（社）公共建築協会、2005.3
- DIN1989 雨水利用装置 (Regenwassernutzungsanlagen)：法政大学エコ地域デザイン研究所 (訳)、エコプロジェクト 1（都市生態学）2004 年度報告書別冊、2006.2
- 給排水設備技術基準・同解説　2006 年版：日本建築センター、2006.10

☐ 빗물관련 조례 · 법제도 등

〈빗물저장 · 침투에 관한 것〉

- 「宅地における雨水の地下への浸透および有効利用の推進に関する条例（市民雨水条例）」千葉県市川市
- 「埼玉県雨水流出抑制施設の設置等に関する条例」埼玉県 (2006)
- 「松山市節水型都市づくり条例」愛媛県松山市

〈지하수 보전〉

- 「地下水及び湧水を保全する条例」東京都小金井市 (2004)
- 「熊本市地下水保全条例」熊本県熊本市 (2004)

〈기타〉

- 「豪雨対策基本方針」東京都 (2007)

색 인

[ㄷ]

[ㄹ]

[ㅁ]

[ㅂ]

[ㅅ]

[ㅇ]

[ㅈ]

[ㅊ]

[ㅎ]

전문용어 해설

[1] **빗물연못** 빗물의 유출억제를 위해서 일시적으로 빗물을 모아두는 연못.

[2] **빗물** 건축과 그 부지에 내리는 비를 원수로 활용하는 물.

[3] **빗물활용** 건축과 그 부지에 내린 빗물을 제어하고, 이용하여 환경개선을 하는 것.

[4] **빗물활용 시스템** 빗물활용을 하기 위한 설비나 기기, 또는 그것들을 조합시킨 것.

[5] **빗물침투** 빗물을 지하에 침투시키는 것.

[6] **빗물침투관** 빗물을 지하에 침투시키기 위해 다공구조로 되어 있는 관

[7] **빗물침투 트렌치** 빗물을 침투시키기 위해 자갈 등을 매설한 도랑.

[8] **빗물침투포장** 빗물을 침투하기 쉽게 다공질구조로 한 포장.

[9] **빗물침투통** 빗물을 지하에 침투시키기 위해 다공구조로 한 배수통.

[10] **빗물저장** 빗물을 탱크나 저장조에 모으는 것.

[11] **빗물유출억제** 건축과 그 부지에 있어서 빗물이 부지 밖으로 유출되는 양을 제어하는 것.

[12] **인터록킹블록(interlocking block) 포장** 서로 맞물리는 블록을 까는 포장. 블록 상호간에는 모래를 채워넣음.

[13] **원예종** 교배 등에 의해 원종식물을 인위적으로 보다 키우기 쉽고 감상하기에 적합하게 만든 식물.

[14] **오버플로(overflow)** 내용물이 용기에서 흘러넘치는 것. 용기의 상부에 설치해서 넘친 내용물을 배출하기 위한 배관/구멍을 오버플로관 (단순히 오버플로)라고 부름.

[15] **오수(汚水)** 화장실 배수를 포함한 빗물 이외의 배수.

[16] **오프사이트(off-site)저장** 비를 모아서 떨어진 장소에 저장하는 것.

[17] **오리피스(orifice)** 유출억제할 때에 유출량을 제어하기 위한 유출구.

[18] **온사이트(on-site) 저장** 비가 내린 그 장소에 저장하는 것.

[19] **합병식 정화조** 수세식 화장실로부터 나온 오수나 부엌 · 목욕탕 등으로부터의 생활 잡배수를 미생물 활동 등을 이용해 정화, 깨끗한 물로 만들어 방류하기 위한 시설.

[20] **환경학습** 지구환경 보전, 공해의 방지, 자연환경의 보호 · 정비, 그 외의 환경보전에 관한 이해를 깊게 하기 위해 행해지는 교육 · 학습 '교육환경 보전을 위한 의욕 증진 및 환경교육 추진에 관한 법률(환경보전활동 · 환경교육 추진법)' 에 의한 정의.

[21] **관개** 식물에 물을 주는 것. 물주기, 급수라고도 함.

[22] **기화(기화열)** 액체의 물질이 기체가 될 때에 주위에서 흡수하는 열.

[23] **크로스 커넥션(cross connection) 방지** 음용에 적합한 물을 공급하고 있는 수도와 음용에 대한 안전성이 의심되는 다른 계통의 수도 간에 있어서, 관 등이 물리적으로 연결되는 것을 피하는 것.

[24] **하수** 생활 혹은 사업장 등에서 하수도에 흘려보내는 오수나 빗물.

[25] **게릴라 집중호우** 예측이 어려운 돌발적이면서 국지적인 호우.

[26] **혐기성 미생물** 무산소 상태로 생육하는 세균. 산소의 존재 하에서는 생존이 어려운 것과 산소의 존재 하에서도 생육할 수 있는 것이 있음. 무기호흡을 함. 전자에는 메탄 세균 · 황산염환원 세균 · 파상풍균 등, 후자에는 유산균 · 대장균 등이 있음.

[27] **강우강도** 일반적으로 (mm) 로 나타내는 단위시간당 강수량.

[28] **강우량** 강수 중 빗물만의 수량.

[29] **호기성 미생물** 유기물 등의 영양원을 공기중의 산소로 산화하고, 생육, 증식하는 미생물 그룹. 호기성 균, 곰팡이, 효모, 해초류 등이 포함됨.

[30] **경수(hard water)** 칼슘이나 마그네슘의 금속이온 함유량이 많은 물.

강연수…… 0 ~ 40ppm

연　수…… 40 ~ 80ppm

약연수…… 80 ~ 120ppm

약경수…… 120 ~ 180ppm

경　수…… 180 ~ 300ppm

강경수…… 300ppm 이상

[31] **강수량** 비나 눈 등이 내리는 양.

[32] **경도(hardness)** 물에 포함된 칼슘이나 마그네슘 등의 양을 그것에 상당하는 탄산칼슘($CaCO_3$)으로 환산해서 수치로 나타낸 것.

[33] **합류식 하수도** 오수와 빗물을 동일한 관로로 하수처리장까지 배수하는 하수도.

[34] **재생수** 폐수를 원수로 처리하고 재이용하는 급수.

[35] **살균** 미생물을 약품 등을 이용하여 사멸시키는 것.

[36] **잡용수** 음료수 이외의 용도로 이용하는 급수의 총칭.

[37] **잔류염소** 살균 · 소독을 위해서 염소처리 후에도 여전히 수돗물 중에 남아있는 산화력을 가진 염소.

[38] **자연수압** 위치에너지 등을 이용해서 얻을 수 있는 수압.

[39] **차열(遮熱)** 여름의 일사열을 건물의 외부에서 차단하고, 실내에 그 영향을 미치지 않도록 하는 것.

[40] **집수역(集水域)** '유역'이 차지하는 범위. 하천뿐 아니라 호수와 늪 등에 대해서도 이용할 수 있는 범위를 말함.

[41] **집중호우** 한정된 지역에서 단시간에 다량(약 50mm/h 이상)의 비가 내리는 것.

[42] **증산** 식물의 작용에 의해 잎 등으로부터 수분이 기체가 되어서 대기로 상승하는 것.

[43] **상수** 수도법에 근거하여 음용에 적합한 수돗물.

[44] **소독** 유해한 미생물만을 살균하는 것.

[45] **증발** 수면이나 지표면에서 수분이 기체가 되어서 대기로 상승하는 것.

[46] **증류수** 증류에 의해 얻은 순도가 높은 물.

[47] **초기 빗물** 막 내리기 시작한 빗물. 대기에 포함되어 있는 오염물이 포함되어 있는 경우가 많아서, 빗물을 모을 때 들어가지 않도록 할 필요가 있음.

[48] **제균** 비누 등으로 씻거나 물리적으로 미생물을 제거하는 것.

[49] **침투계수** 강우량 중 부지 내에 침투하는 빗물양의 비율.

[50] **논담수(水田湛水)** 벼베기가 끝난 논에 겨울에도 물을 가득 채우는 것.

[51] **수도법의 수질기준** 납, 비소, 시안 등 사람의 건강에 좋지 않은 영향을 끼치는 물질이나 맛, 색, 탁도 등 생활 이용상에 장해가 되는 성상 등의 수질기준 항목에 더해 물의 풍미를 손상시키는 곰팡이 냄새 물질[지오스민(Geosmin)과 2-메틸 이소보루네올(Methylisoborneol)]이나 발암성이 의심되고 있는 1, 4-디옥산(dioxane)등, 합계 50종류의 수질항목에 대해서 기준이 설정되어 있음 (2003년에 전면개정).

[52] **스크린(screen)** 빗물을 모을 때 큰 쓰레기 등을 제거하는 장치.

[53] **정우(整雨)** 빗물을 침전시키거나 여과함으로써 수질을 구분하는 것.

[54] **제균** 위생상 유해한 미생물이나 바이러스를 제거하거나 살균하는 것.

[55] **다공질 재료** 내부에 무수히 많은 미세한 공기구멍을 가진 소재.

[56] **다자연(하천)공법** 강 등에서 생물의 생육, 자연의 경관 등 원래 생태계의 다양성을 보전 혹은 창출하는 공법.

[57] **단열** 열이 전도나 대류 또는 방사에 의해 전달되는 것을 막는 것.

[58] **단립(團粒)** 흙 속의 미생물과 유기물의 활동에 의해 흙의 알맹이와 알맹이 사이에 작은 틈이 있는 상태.

[59] **지하수위** 지표면으로부터의 지하수 깊이 혹은 표고.

[60] **지하수 배양** 강우 · 하천물 등이 지하로 침투해서 대수층에 물이 공급되는 것.

[61] **중수(中水)** 배수를 재이용할 목적으로 처리된 물을 말함. 재생수, 재이용수라

고도 함.

[62] **조정지(調整池)** 집중호우 등에 의해 하천의 유하능력을 초과할 가능성이 있는 홍수를 하천에 들어가기 전에 일시적으로 모으는 연못. 주로 토지의 개발사업자가 설치하는 잠정시설.

[63] **조절지(調節池)** 집중호우 등에 의해 하천의 유하능력을 초과할 가능성이 있는 홍수를 하천에 들어가기 전에 일시적으로 모으는 연못. 주로 하천관리자가 설치하는 항구시설.

[64] **침사조(沈砂槽)** 오수중의 모래나 작은 돌을 침전시켜 제거하는 수조.

[65] **전통적 건조물군보존지구** 문화재보호법 제143조 제1항 또는 제2항의 규정에 의해 시읍면이 주위의 환경과 일체가 되어 역사적 풍치를 형성하고 있는 전통적인 건조물군으로 가치가 높은 것, 또한 이것과 일체가 되어 그 가치를 형성하고 있는 환경을 보존하기 위해 지역지구로 도시계획에서 결정한, 또는 조례로 정한 지구를 말함.

[66] **투수성 포장** 물이 투과하기 쉬운 공극이 많은 포장재료에 의한 포장.

[67] **투수층** 투수성이 높은 지층. 암석, 지층의 투수성은, 그것을 구성하는 입자간의 공극의 많고 적음(저류성), 틈(간격)의 대소(투수성)에 의해 규정되어, 틈(간격)이 크고 공극이 많은 만큼 투수성은 높음.

[68] **토수구 공간** 물을 모으는 용기에 있어서, 용기로부터 물이 넘치는 레벨과 급수입구 높이와의 거리. 수도관에의 역류 방지를 위해서 필요한 거리가 정해져 있음.

[69] **드라이미스트(drymist)** 물을 안개상태로 분사하고 증발할 때의 기화열을 이용해서 냉각하는 장치.

[70] **드레인(drain)** 에어컨 등의 공기배관 등에 설치하여 물을 빼는 것. 또한 평지붕 등에서 빗물을 흘려보내기 위한 구멍에 설치되어 있는 것.

[71] **연수(soft water)** 칼슘이나 마그네슘의 금속이온 함유량이 적은 물.

[72] **배수(排水)** 빗물이나 오수를 하수도 등에 배출하는 물.

[73] **폐수(廢水)** 오수나 열 회수 후의 물을 이용한 후의 배수, 오수의 일부.

[74] **열섬화(heat island)현상** 도시부의 기온이 그 주변 교외부에 비교해서 이상고온을 나타내는 현상.

[75] **미기후(微氣候)** 밭 논두렁, 논, 숲의 전후, 언덕의 사면, 혹은 실내 등 좁은 범위의 기후. 대기후, 중기후, 소기후에 대해 사용한다.

[76] **필터(filter)** 정우에 이용하는 작은 쓰레기나 더러움을 제거하기 위한 작은 메쉬

(mesh) 등의 여과장치.

[77] **분류식 하수도** 오수와 빗물을 서로 다른 관 계통으로 배수하여 빗물은 그대로 공공용 수역에 방류하고, 오수만을 하수처리장에서 처리하는 방식의 하수도.

[78] **볼탭(ball tap)** 레버 끝에 뜨는 볼을 달고, 수면의 상하 변동에 의한 볼의 변위에 의해 레버에 붙어있는 밸브가 개폐하는 구조. 수위가 떨어지면 뜨는 볼이 내려가 밸브가 열려 급수가 시작된다.

[79] **보수성 포장** 지하에의 침투와 함께 수분을 보수, 흡수한 수분을 증산시키는 효과를 가지는 포장.

[80] **먼셀값** 먼셀 색상표(Munsell color system)란 색을 정량적으로 나타내는 체계인 표색계의 하나. 색채를 색의 3속성(색상, 명도, 채도)에 의해 표현한다. 색의 3속성을 맞춘 표기법은 '색상 명도/채도' 이다. 예를 들면, 색상이 7PB 명도가 4 채도가 10이라면 7PB 4/10이라고 표시된다.

[81] **모세관 현상** 중력이나 상하 좌우에 관계없이 '틈' 과 같은 작은 공간에 액체가 침투하는 현상.

[82] **몬순아시아(monsoon asia)** 아시아 동부에서 남동부를 지나 남부에 이르는 몬순(계절풍)의 영향을 받는 지역.

[83] **유효저장량** 저장조 용량의 내부, 진흙이 쌓인 바닥과 오버플로 수위로부터의 상부 공간을 제외한 용량.

[84] **유효이용률** 강우량 중 저장해서 이용할 수 있는 수량의 비율.

[85] **용존 산소** 수중에 용해하고 있는 산소의 양으로 대표적인 수질오염 상황을 표시하는 지표의 하나.

[86] **유역** 강이 강수(빗물, 눈 녹은 물 등)를 모아서 흐르는 그 범위 · 영역을 가리킴.

[87] **유출계수** 강수량에 대하여 부지 외에 유출하는 유량의 비율.

[88] **녹피율(녹지피복률)** 어느 지역 또는 지구에 있어서 녹지면적이 차지하는 비율.

[89] **로지손(路地尊)** 도쿄 도(東京都) 스미다구(墨田區)에서 추진되고 있는 빗물의 방재활용 방법. 지붕에 내린 비를 광장 등의 지하 빗물저장조에 모아 수동펌프를 사용하여 빗물을 활용하는 시스템.

[90] **노상** 도로를 포장할 때 지면을 깎아서 평탄하게 한 지반.

[91] **노반** 포장 표면과 노상 사이의 쇄석이나 모래를 깐 부분.

마치며

《비의 건축도》를 편집하는 과정에서 먼저 '빗물은 무엇인가' 에 대해 위원회 회원들이 활발한 의견교환을 하였습니다. 회원들이 각각 다양한 사고방식을 가지고 있어서 '빗물활용' 에 대해 일치된 의견이 나오지 않았습니다. 예를 들어, '빗물' 의 수질에 대해서는 수차례 의논했으며, 그중에서도 특히 '빗물' 과 '수돗물' 의 차이가 무엇인가가 초점이 되었습니다. 또 빗물활용에 대해 각 용도에 적절한 '정우 레벨' 을 결정할 때까지 여러 번 토론을 하였습니다.

수돗물은 모든 용도에 음용할 수 있는 수질을 기준으로 하지만, 자연수인 '빗물' 에 일부러 염소를 넣는 것은 '아깝다' 는 사고방식이 있었습니다. 정원수에 물을 뿌리기 위해서 염소를 넣어야 하는 것인가? 아니면 원래부터 염소는 사람이나 생물에게 해를 끼치지 않는가?

목욕용의 '정우 레벨' 을 결정할 때에도 다양한 의견이 있었습니다. '목욕물과 샤워물 레벨은 같다' '나는 목욕물은 마시지 않지만, 샤워하면서 양치를 하므로 각각의 정우 레벨은 달라야 한다' 등등..

화장실용수의 '정우 레벨' 에 있어서도 수차례 의논하였습니다.

'빗물을 화장실용수로 이용하고 싶지 않다' 라고 하는 의견이 있었는데, 거기에는 다음과 같은 상반된 이유가 있었습니다.

'(깨끗한) 빗물을 화장실에 사용하는 것은 아깝다'

'(더러운) 빗물을 화장실에 사용하면 기구가 고장나기 쉽다'

보건소나 관공서의 공무원, 위생기기나 빗물탱크를 제조하는 기술자, 대학교수, 빗물건축의 설계 · 시공의 제1인자가 모인 토의임에도 불구하고 여러 의견으로 나눠졌습니다. 같은 수질 자료에 대해서도 서로 그 해석이 다릅니다. 이러한 의논을 통해 빗물 수질에 대한 사람들의 생각이 참으로 다양하다라는 것을 느꼈습니다.

일본은 지역에 따라 강우 특성과 빗물 특성에 차이가 있고, 시기에 따라서도 다릅니다. '수돗물' 과 같이 일정한 수질의 물건을 취급하는 것과 자연수인 '빗물' 을 취급하는 것은 기본적으로 다르다라는 의식을 가지는 것이 사용하는 쪽, 상품을 만드는 쪽 모두에게 필수불가결한 것이라는 것을 실감하였습니다. 원래 일상생활에 가까이 있는 '빗물' 보다 멀리서 공급되는 '수돗물' 이 현재 우리 생활에 가까운 존재가 되었습니다. 따라서 빗물활용에 대한 인식이 확대되면 그 거리감에 대해 우리들이 다시 생각해보는 기회가 증가함으로써 빗물이 더욱 사람들과 가깝게 되며 빗물활용과 함께 빗물을 더욱 즐길 수 있을 것이라고 생각합니다. 우리들이 빗물을 재인식하는 것, 그것이 앞으로의 과제라고 생각합니다.

그리고 이 책이 완성되기 바로 직전에 엄청난 규모의 동일본지진재해와 해일피해 (2011년 3월 11일)가 발생했습니다. 비상시 물의 중요성을 다시 한 번 통감시킨 사건이었습니다. 빗물 비축용수의 역할도 함께 생각해야 합니다.

따라서 본서를 만드는 과정에서 빗물활용에 대한 향후 과제가 명백히 제시되었으며, 일본뿐만 아니라 한국, 대만, 독일, 네덜란드 등의 많은 사람들과 국제적 협력 관계도 생겼습니다. 앞으로 빗물활용 보급을 더욱 추진하려고 합니다. 이번 출판에 협력해 주신 많은 분들에게 깊은 감사의 말씀을 드립니다.

특히, 내부사독을 해주신 무라카와 사부로(村川三郎) 특임교수(히로시마대학), 무라세 마코토(村瀨誠) 객원교수(도호대학), 사토 키요시(佐藤清氏)씨 (주식회사 테크노 플랜), 외부사독을 해주신 오카다 세이시(岡田誠之) 교수(도호쿠문화학원대학), 후루마이 히로아키(古米弘明) 교수(도쿄대학), 무라카미 미치오(村上道夫) 특임조교(도쿄대학), 쿠리하라 히데토(栗原 秀人)씨 (메타 워터 주식회사), 시마타니 유키히로(島谷幸宏) 교수(규슈대학 대학원), 국토교통성 하수도부 (유역관리), (재) 하수도 신기술 추진기구의 여러분들께 귀중한 의견을 얻었습니다. 진심으로 감사의 말씀을 드립니다.

일본건축학회 빗물건축보급기획 간행 소위원회

위원회 프로필/ 집필자 프로필/ 집필 협력자

□ 위원회 프로필

환경공학 위원회

위원장/ 이노우에 가쯔오(井上勝夫)

간사/ 이시카와 다카시게(石川孝重), 이나토메 고이치(稻留康一), 구노 사토루(久野 覺)

위원/ 아카바야시 신이치(赤林伸一), 이이노 아키나리(飯野秋成), 이시즈 요시아키(石津嘉昭), 이와타 도시에(岩田利枝), 오오이 나오유키(大井尙行), 오쓰루 도오루(大鶴 徹), 오카자키 야스오(岡崎靖雄), 가토 신스케(加藤信介), 가와이 야스히토(河井康人), 코세 히로유키(小瀨博之), 도쿠라 미와코(戶倉三和子), 나가노 신이치로(永野紳一郎), 하마모토 타쿠지(濱本卓司), 하야시 데쓰오(林 徹夫), 하야마 히로후미(羽山廣文), 호코이 슈이치(鉾井修一), 마쓰모토 히로시(松本 博), 모치다 아카리(持田 灯), 요시다 하루노리(吉田治典), 와타나베 히로후미(渡邊 浩文)

기획 간행 운영위원회

주사/ 가토 신스케(加藤信介)

간사/ 이토 가즈히데(伊藤一秀)

위원/ 이케다 고이치(池田耕一), 이노우에 가쯔오(井上勝夫), 이와타 도시에(岩田利枝), 카기 나오키(鍵 直樹), 고지마 다카야(小島隆矢), 스가와라 후미코(菅原文子), 세키 고로(關 五郎), 다자와 류조(田澤龍三), 츠치카와 타다히로(土川忠浩), 나카지마 야스타카(中島康孝), 나가미네 아키라(永峯 章), 하치스 히로오(蜂巢浩生), 후쿠치 도모코(福地智子), 호야노 아키라(梅干野晁), 호리 마사히로(堀 雅宏), 모치다 아카리(持田 灯), 야마다 유키코(山田由紀子), 요시노 료지(吉野 涼二)

빗물건축보급기획 간행 소위원회

주사/ 카미야 히로시(神谷 博)

위원/ 스즈키 노부히로(鈴木信宏), 오카무라 아키요시(岡村晶義), 이노우에 요지(井上洋司), 구로이와 아키히코(黑岩哲彦), 류 마키(笠 眞希), 시바 시즈요(芝 靜代), 나카토미 마사히로(中臣昌廣), 야마다 타케유키(山田岳之), 야마구치 조지(山口讓二), 오오니시 가즈야(大西和也), 하야사카 에쓰코(早坂悅子), 신 용우(辛 勇雨), 김 현아(金 賢兒), 요시타케 마이(吉武舞), 스즈키 아쓰코(鈴木敦子)

집필자 프로필

카미야 히로시(神谷 博)

(주)설계계획 수계 디자인 연구실 대표, 호세대학(法政大學) 디자인공학부 겸임 강사, 물의 길 연구회 대표. **작품** : 환경공생주택 루미너스 무사시코가네이(武藏小金井), 요나고(米子) 물새공원 방문자(visitor) 센터, 하야카와초(早川町) 들새공원 외. **저서** : '우물과 물의 길' (공저, 북두출판), '비의 건축학' (공저, 북두출판), '비의 건축술' (공저, 기보당출판) 외. **관심분야** : 물을 기본으로 한 에콜로지 디자인. 빗물의 음용 시스템 개발에 힘써 왔고, 빗물 시스템 규격화도 앞으로의 중요한 과제라고 생각. 건전한 물의 길 유지 · 보전이 모든 것의 기본이 된다라고 생각.

스즈키 노부히로(鈴木信宏)

도쿄(東京) 이과대학 명예교수. **작품** : 비를 즐기는 집(朝霞の家), 태양과 비를 즐기는 집(고쿠분지(國分寺)), 고와시미즈(强清水) : 카와나카(川中) 샘물 시냇물공간(와코시(和光市)) 외, **저서** : '물공간의 연출' (가시마(鹿島) 출판회), '암음광(暗闇光)의 건축적 구성' (『조명 학회지』), '비의 건축학' (공저, 북두출판), '비의 건축술' (공저, 기보당출판) 외. **관심분야** : 차를 즐길수 있는 물공간과, 집중 · 사고하기 쉬운 빛공간의 설계.

오카무라 아키요시(岡村晶義)

아틀리에 경(鯨)대표. **작품** : 미나모토효에이(源兵衛)강 · 생활의 물가, 하쿠슈 오지로의 숲명수공원(白州尾白の森名水公園) · 숲과 물의 박물관 이외. **저서** : '물가 비오톱-그 기초와 실례-' (공저, 신잔사 사이테크), '비의 건축학' (공저, 북두출판), '비의 건축술' (공저, 기보당출판) 외. **관심분야** : 생활 속에서 다양한 물과의 관계를 살펴 보다 풍부한 물가 환경 만들기.

이노우에 요지(井上洋司)

(주)배경계획 연구소 대표, 와세다대학(早稻田大學) 예술학교 비상근강사. **작품** : 이마이(今井) 뉴타운(new town)(나가노(長野) 동계올림픽 선수촌), 나리타야마(成田山) 오모테산도(表參道) 보전지구 거리 만들기, 요코스카(橫須賀) 웰시티 · 랜드스케이프(landscape) 디자인. **저서** : '노스탤지어(nostalgia) 부탄' (공저, 에쿠스나릿지), '비의 건축학' (공저, 북두출판), '비의 건축술' (공저, 기보당출판) 외. **관심분야** : 디자인대상의 땅만이 표현할 수 있는 랜드스케이프의 창조를 목표. 그리고 그곳 특유의 화조풍월(花鳥風月)의 세계를 만들려고 생각.

구로이와 아키히코(黑岩哲彥)

(주)아키텍트A 도시건축설계실 대표, NPO 그린 네크리스1급 건축사무소 이사. **작품** : 엑서지(exergy)하우스 요코하마(橫浜), 엑서지하우스 이즈(伊豆), 엑서지하우스 아비코(我孫子), 엑서지하우스 가와고에(川越), 오베루쥬드놈의 숲, 운장정(雲場亭) 외. **저서** : '세계의 베스트 호텔50' (공저, TOTO출판), '비의 건축학' (공저, 북두출판), '비의 건축술' (공저, 기보당출판) 외. **관심분야** : '지구에 살고 있는 생물' 의 시점에서, '환경을 구하는 건축' 을 목표로 하고, 빗물이나 퇴비 등 유효한 자원 (엑서지)을 활용하는 기술개발과 그 보급에 노력.

나카토미 마사히로(中臣昌廣)

분쿄구(文京區) 분쿄 보건소. **저서** : '도시에 지은 비, 태양, 자연을 살리는 우리집' (농문협), '물의 안심 생활 기술' (집영사 신서), '비의 건축학' (공저, 북두출판), '비의 건축술' (공저, 기보당출판) 외. **관심분야** : 자택에 6톤의 빗물저장조를 만들어 빗물활용을 실천. 도시에서도 빗물을 놀라울 정도로 모을 수 있다는 것을 알았다. 2회/년의 수질검사로, 모두 음용적합 판정이 나올 때가 있다. 빗물 수질이 너무나 좋은 점에 놀랐다.

류 마키(笠 眞希)

네덜란드 델프트 공과대학 객원연구원. **저서** : 'Every drop countswater use efficiency in the urban and domestic environment;sourcebook on Environmental Sound Technologies' (공저, UNEP IETC DTIE), '비의 건축술' (공저, 북두출판), '유럽 · 미국의 마을조성 · 도시계획제도 지속적인(sustainable) 도시로 가는 길' (공저, 교세이). **관심분야** : 물을 활용하여 더욱 활기있는 외부공간으로 만드는 길을 모색중. 물과 관련된 역사로부터의 지혜와 앞으로의 비와의 교류로부터, 새로운 사고방식을 창조하여 가고 싶음.

시바 시즈요(芝 靜代)

정수사(靜水舍)일급건축사사무소 대표, 특정 비영리 활동 법인 녹색집 학교 이사장. **작품** : 환경공생형 보육원 사회복지법인 바람의 계곡 보육원, 자립 순환형 에코비렛지 오르가네라코테지즈 안채동과 기타 시설, 유료양로원 플로렌스 케어 모리노다이(森の台) 옥상정원 비오톱. **저서** : '주택건축의 기초' (공저, 메세나 아오야마(青山) 출판), '에콜로지스트의 도전' (마루모 출판). **관심분야** : 사무소이름에 물(水) 이 들어있듯이, 물에 많은 관심을 가져 일을 추진. 물이 모태인 지구의 생명체로서 또 건물이나 정원을 만드는 일을 생업이라고 생각하며 물순환을 계속해서 추진하여 가고 싶음.

야마다 타케유키(山田岳之)

타다스의 숲환경학습연구소, 전일본해양과학전문학교 비상근강사(환경정책론). **작품** : 로컬 아젠다21 스이타 (오사카부 스이타시(吹田市), 책정 회의 코디네이터). **저서** : '환경수도 컨테스트 지역에서부터 일본을 바꾸는 7개의 제안' (공저, 학예출판), '지속가능한 지역사회를 만드는 일본의 환경수도 컨테스트 보고서 · 선진 사례집' (제4회~제10회. **공저** : 환경수도 컨테스트 전국 네트워크). **기타** : '빗물활용과 지속가능한 방재마을조성의 과제' (교토대학 대학원 지구환경학사 석사논문). **관심분야** : 빗물활용을 진척시키고 건전한 물순환을 되찾기 위한 시책 · 정책. 주민참여에 의한 지속가능한 도시조성 · 방재도시조성. 앞으로 예상되는 관동대지진 · 동해 · 동남해 · 남해대지진으로부터의 재건에는 빗물활용이 관건.

오오니시 가즈야(大西和也)

(주)타니타 하우징웨어 마케팅부 빗물활용 추진 담당, 빗물활용 사업자의 모임 회장. **기타** : 빗물활용 사업자 모임 회장으로서, 각 지역의 빗물활용에 대한 보급과 네트워크 확대에 주력. **관심분야** : 빗물활용이 비즈니스로서 성립하는 것. 그 반면, 비즈니스의 타깃이 되어서는 안 된다고 생각. 빗물활용의 보급과 빗물활용 기술의 향상, 빗물활용 사업자 모임의 발전에 노력.

야마구치 조지(山口讓二)

(주)배경계획 연구소. **작품** : 쓰루오카(鶴岡) 예술 포럼(랜드스케이프 디자인), 웰씨티 요코스카(横須賀)(랜드스케이프 디자인) 외. **관심분야** : 매우 낮은 로테크(low tech) 안에 앞으로의 환경기술의 방향성이 있다고 생각. 예로부터의 농업, 임업, 정원조성 기술로부터 배울 수 있는 지혜가 많다고 생각.

하야사카 에쓰코(早坂悅子)

(有)롤리팝 대표. **저서** : '비의 건축술' (공저, 기보당출판) 외. **기타** : 도쿄 · 세제 프로젝트 멤버로서 '세정력 테스트' 등의 실험이나 환경학습에 관계. '부인의 벗' 등 집필. **관심분야** : 생활에서 "물"은 중요. 물을 더럽히거나 활용하는 것은 자신의 행동과 연관된다고 생각. 빗물건축을 지구 물순환의 기초단위로 활용하는 것이 목표.

요시타케 마이(吉武舞)

도쿄 공업대학 이공학 연구과 건축학전공. **관심분야** : 네덜란드 유학중에 빗물활용의 가능성을 만남. 물순환을 기초로 한 에코 타운 실현이 목표.

신 용우(辛 勇雨)

2001년 문부과학성국비장학생으로 일본에 와서 도쿄대학 건축공학 박사과정 수료. 철근 콘크리트 구조의 기둥보접합부의 종국 강도 해석 및 내진설계법에 대해서 연구. **현재** 일본 엔지니어링 업계에서 구조설계, 내진진단 · 보강 업무, BCP 관련 등에 종사. **관심분야** : 하늘의 은혜인 빗물을 최대한 활용하는 것은 지구온난화 방지 · 지구환경 보전을 위해서 대단히 중요한 과제이며, 앞으로도 각 분야가 협력해서 대응해야 할 중요한 테마.

김 현아(金 賢兒)

1998년 한일정부청소년 파견단 대표로서 방일. 2003년 문부과학성국비장학생으로 일본에 와서 도쿄대학 도시공학 박사과정 수료. 보다 안전하고 안정된 물공급 시스템에 착목하여 상수, 고도정수 처리, 막여과의 연구 · 컨설팅 업계(지구온난화 방지)를 거쳐 **현재** 일본 엔지니어링 업계에 근무. 환경과 자연의 조화를 목표로 한 환경기술개발, 수처리, 빗물활용 관련 등에 종사. **관심분야** : 빗물을 일상생활에 자연스럽게 접목하여 활용하는 것이 매우 중요.

스즈키 아쓰코(鈴木敦子)

a설계사무소 대표, 세이비학원 단기대학(星美學園短期大學) 비상근강사. **관심분야** : 건축, 마을 · 도시조성, 건물 외부환경 계획 등에 종사. 일상생활에 있어서 '물' 에 관련된 여러 가지 것들에 매료. 앞으로 건물 안, 밖, 도시에 있어서 사람들, 생물이 '물' 과 더 좋은 관계를 맺을 수 있는 방법을 구상.

□집필협력자

아오키 가즈요시(青木一義) (주)니시하라위생공업소(西原衛生工業所)
이토 에쓰로(伊藤悦郎) (주)도테쯔
오가와 유키마사(小川幸正) (주)오오바야시구미(大林組)
오쿠이 히로유키(屋井裕幸) (사)빗물저류침투기술협회
가와이 히로타카(川合弘高) 카네공업(주)
기무라 히로유키(木村博幸) TOTO(주)
구라타 다케시(倉田丈司) (주)INAX
시무라 사토시(志村吏士) 세키스이화학공업(積水化學工業)(주)
다마다 아쓰오(玉田敦雄) 타키론(주)
혼조 마사요시(本庄正良) (사)빗물저류침투기술협회
미요시 마사노리(將範三好) 데라루(주)
모리 타카(森孝) (주)산에이스이센제작소(三榮水栓製作所)

일러스트 · 도판작성

요시타케 마이(吉武舞), 야마구치 조지(山口讓二), 오오니시 가즈야(大西和也), 하야사카 에쓰코(早坂悦子), 류 마키(笠 眞希), 사토 마사에이(佐藤昌榮), 스즈키 아쓰코(鈴木敦子)

커버 삽화표 : 카미야 히로시(神谷 博)
뒤 : 요시타케 마이(吉武 舞)